专业美发教室
Zhuanye Meifa Jiaoshi

烫发攻略

（日）坂卷哲也 [apish]　著

纪凤英　译

辽宁科学技术出版社
沈阳

PROLOGUE

~序言~

现在市场上介绍烫发技术的书多如牛毛，刊载美丽可爱的烫发发型的书也数不胜数。

如果照上面说的，每次给客人烫烫发不就可以了吗？我不是那样想的。因为假如客人每个月来店一次，每次给她烫一次发，那么头发的损伤就会不断地增多。本来是为了美丽才烫的发，反而损伤了头发的光泽感和质感。这不是得不偿失了吗？另外，每次都是同样的烫发发式，客人也一定会厌倦的。

正因为如此，要有长远的眼光，给客人制作出具有持久美感的发型，让客人体会到新的感觉，我把这叫做"扮靓客人"。并且我认为这也是"受欢迎发型师"的必备条件。

所以在这本《烫发攻略》中，我不是单纯地介绍烫发的技术，而是从发廊的角度总结出以下几个方面。

●能揣摩出客人期待的发型。

●能推荐出可以实现客人愿望的烫发。

●想象客人下次来店时会变成什么样的发型。

●防止头发受损的加剧、建议并塑造新的美丽发型。

所以，尽管是烫发的书，也有篇章不出现烫发过程。

如果此书能对你成为"受欢迎的发型师"有所帮助的话，我将不胜荣幸。

——坂卷哲也

● Profile

坂卷哲也 [apish]

1962 年出生于千叶县。巴黎美发专业学校（现巴黎综合美发专业学校千叶分校）毕业后，在东京市内一家发廊服务。1998 年在东京原宿成立"apish"，第二家店"apish Rita"也在 2006 年 12 月开张。

CONTENTS

在读本书之前……

这个单行本中 apish 所提倡的分区是以"新月分区"为前提来编写的。所以接下来首先要告诉你的是"新月分区"在哪里，利用"新月分区"会产生怎样的效果。

● **新月分区的基本形状**

首先分成头上方分区和头下方分区。然后以头上方分区的定位线为基线，让头下方分区保持一定的宽度划一圆弧，取一个新月形的分区。根据骨骼也会有不同，基本上大致如右图所示。

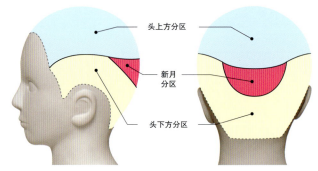

头上方分区

新月分区

头下方分区

● **新月分区的位置高**

选择比新月分区的基本形状高的位置，就是头下方分区的面积大于头上方分区的面积，可以创造重心高、整体轻盈的发型，这对制造活泼潇洒的形象是很有效的。

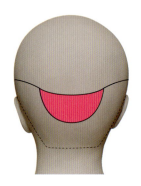

● **新月分区的位置低**

选择比新月分区的基本形状低的位置，就是头下方分区的面积小于头上方分区的面积，可以创造重心低、有重量感的发型，这对制造清晰古典的形象有所帮助。

新月分区的效果

□ 易于把握造型	利用新月分区，能轻松地设定造型。
□ 容易形成所要求的女性形象	根据新月分区的位置，容易把握所要求的女性形象。
□ 能够弥补骨骼的不足	通过设定新月分区，解决头盖骨扩张和没有后脑勺等骨骼上的烦恼。
□ 由剪发、烫发、染发的连动产生和谐感	把剪发时的分区照样用在烫发和染发后，最终的效果会产生和谐、一致的感觉。
□ 便于应用	新月分区可以使用在一切发型中。另外，为了高层次、低层次等各自的技法在头脑中变得容易整理，要加强自身的应用力。
□ 头发在耳廓周围没有空洞（剪发）	因为头下方分区的厚度是一定的，能够根据发际线把握平衡。因此，过多进入耳廓也不会出错。
□ 看得出削剪的平衡（剪发）	决定削剪的分区时，因为新月分区是发型设计的基础，所以就很容易明白削到哪里该结束。
□ 调整质感（烫发）	由于利用新月分区可以组合各式各样的发卷，能够调节头上方分区和头下方分区的平衡和质感。
□ 调节量感（烫发）	如果不从新月分区的发根上发杠的话，量感就会变小；从发根开始上发杠，量感就会增大。

第1章
为烫发提出建议

对客人来说烫发的必要性是什么？

第 1 章在学习烫发技术之前，让我们首先和坂卷先生一起思考"建议烫发"的含义。

不断揣摩客人喜欢的烫发

——在 apish 发廊，烫发比例在 80% 左右。这其中隐藏着什么奥妙呢？

坂卷哲也（以下：**坂**）我想方法会有很多。但是，开始时绝对不能贸然向客人建议"您烫发吧"，而是要从向客人传达烫发的好处开始。

——传达什么样的好处呢？

坂 举例来说：

①如果剪发不能改变发型，那么利用烫发就能改变发型和女性形象。

②能掩盖骨骼和发型上的缺点。

③提高发型的表现性。

④即使失去卷度，也能欣赏到和刚烫发时不同的发型。

把照片和图册等递给客人看，借此向客人介绍烫发的好处。

——对于提建议，需要注意哪些方面呢？

坂 通过沟通和会话，能勾勒出客人的生活状况。

例如，对发质和骨骼感到烦恼的人可以说："烫发就会出现圆润感，容易解决这方面的烦恼。"对在日常头发的梳理上不愿花费时间的人，就可以这样说："烫发后，只要抹点发蜡就能自然地呈现出很好的效果。"要察觉到在什么位置烫什么样的发式客人会喜欢。

说明烫"什么样"的发型

——也有这样的情况，有的发型师烫发经验不足，不明白向客人建议烫什么样的发型，所以造成建议无法实施。

坂 在 apish，除了冷烫，还要准备使用耐热膜蒸的形式进行烫发的"胶片烫"、使用"air wave"的空气烫发，使用电热棒的波浪、直发两相宜的电热棒烫发等的烫发菜单。首先要清楚地把握各种发式的烫发特点。这样，提建议时也就容易抓住要领了。

——推荐烫发时最重要的是什么呢？

坂 虽然发型师要知晓烫发的理论和效果，但是要向客人讲解"这个烫发是这样的……"也是没有必要的。

重要的是选择适合那个客人的烫发，而且要说明为什么这种烫发适合她，为什么一定要烫发。

巧用烫发，一旦让客人满意，下次这个客人还会再来。读了这本书后，你一定会把烫发技术掌握好。

——谢谢。

这本书的读法

在《烫发攻略》一书中，要根据发廊的潮流进行学习，
掌握建议力、设计力和技术力。

Look and Think!
观察与思考   *01

在客人进店时，要首先观察客人当时的发型。经过沟通，除了要掌握客人骨骼和
发质的特征外，还要了解客人的兴趣和爱好。让我们和坂卷先生一起来思考客人
期待的发型吧。

This is the Answer!   *02
这个是坂卷哲也的答案！

因为这本书以提高烫发技能为目的，所以要提出多种烫发方案。当然并不是只有这部
作品才是唯一正确的答案。希望你能提出更可爱更漂亮的烫发发型。

Let's Study!
学习   *03

最后，看看是通过什么样的技术来完成的吧。
另外，特别是所谓的"要点"的部分，本书作为"攻略重点"而大书特书，你一
定要仔细研读。

See the next chapter!   *04
模特在下一章中会再次登场！

发廊不是一次性买卖，要让客人常来，成为常客。所以，在烫发一个月后要
检查客人的发型，并思考一下要提出怎样的建议。

首先克服对烫发的恐惧心理，扩大设计的可能性

　　大家认为烫发是件很难的事情吗？弄清了采用怎样的设计才好了吗？
万一失败，会不会感到不知所措呢？
　　所以在第 1 章里，看一下怎么由烫发尽可能地提高设计的可能性。
只是稍微追加一点儿过程，就会出现让人惊讶的"改变"。

バンブークライスカットソー
¥10,290 ／KAMISHIMA CHINAMI、
白ノースリーブブラウス
¥23,100 ／KAMISHIMA CHINAMI YELLOW
（以上 KAMISHIMA CHINAMI tel.03.3406.9210）

＊烫发之前

坂：这是基础剪发完成的阶段。

编：仅仅剪发已经非常可爱了。

坂：不过，再给你烫发的话，你会变得更加可爱。

编：更加可爱？！那难度一下子就提高了吧……

坂：不，是非常简单的操作，就能突然大变样。

编：好期待快点完成啊！

坂：在 apish，对剪发的客人，用卷发加热棒做"试烫"，波浪出现后，客人就能知道是怎样的一种感觉。而且，让客人知道"烫发后，会更可爱、更美丽"。下次再提建议就方便了。

编：对客人来说，如果知道了会是怎样的一种感觉，自然会消除对烫发的不安感。

坂：这样一来，发型师、客人都没有"烫发恐惧心理"，烫发也就更有趣了。

〔坂：坂卷哲也　编：编辑部〕

Counseling

沟 通

在 apish，看到客人的发型和骨骼时，首先想到的就是以新月分区为中心。这个模特呢，重心原本在头部的下方。可是因为是长发，为了求得平衡，新月分区降在比标准位置低些的下侧。

顺便说下，如果选择在通常的新月分区的位置，头上方分区比头下方分区的发量要薄些，就会成为扁平的发型。

以前大家都说我像光 GENJI 的内海君。

※ 坂卷先生通过和客人开玩笑的方法和客人进行沟通，使模特一下子就被吸引住了。也很被吸引。

如果是你，要建议什么样的发型呢？

✳ 提示

这次使用被称作"第三种烫发"的"空气烫"，轻松地制作出了有女人味的波浪。

有些难吗？不，发杠的卷法非常简单。

新月分区的详细情况见 P004。

什么是空气烫？

在传统的冷烫方法中增加的通过"缓慢变形"和"玻璃罩软化"的作用做出的波浪，受损少，是新发明的烫发方法。

※ 关于"缓慢变形"和"玻璃罩软化"在 P034 有详细介绍。

坂卷哲也的答案在下一页！

hair design_ 坂巻哲也 [apish]
make-up_Tsukasa Komata [apish]
photo_Toshiyuki Asada
styling_Kumiko Morisoto
back art_ スキヨ [apish]

ランダムプリーツワンピース ¥36,750 ／
Magnolia de grasse
（carlife中目黒店 tel.03.5784.0932）

进行烫发，会有这样的改变！

编：这个是改变了。

坂：这次使用"空气烫"是为了让客人看到烫后的头发情况和发质。

编：确实。烫出了有光泽感、美丽的发卷儿。

坂：因为"空气烫"还有其他特性，也容易向客人提出新的建议。

编：还有什么呢？

坂：那就继续往下看吧。

步骤 1
药剂·系统

攻略要点 1
卷发杠前的分区

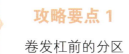

"玻璃罩软化"的干燥过程是"空气烫"成功的关键。
因此，卷在各个发杠上的发束的量若不统一，那么，每个发杠干燥的速度就不同，这样卷度就不均匀。另外，发束取得过多，操作时间就会随着延长。
按照发杠的根数，均匀地分配发束。

● 使用药剂
宝贝蒙　air wave
● 使用药剂
1 剂：日本宝贝蒙株式会社的 ESSTESSIMO 烫发液 1 剂
中间水洗后：日本宝贝蒙株式会社的 ESSTESSIMO 酸性洗发液
2 剂：日本宝贝蒙株式会社的 ESSTESSIMO 烫发液 2 剂

空气烫

上发杠

分为头下方分区、新月
分区、头上方分区，各
自从发片的中间位置向
前和向后卷，交错进行。
这样卷会得到自然的波
浪。

攻略要点 2

发杠的角度
是 0°

这次，按发杠的角度是 0 度来卷。
如照片所示，发杠完全没有提高。
在头发自然垂落的地方卷发杠。根
据玻璃罩软化的效果，出现有波浪
的美丽的发卷。
从这里卷两周半。

攻略要点 3

软化检查

在试烫环节中，在软化到通常冷烫
的六至八成就要检查。因为利用缓
慢变形和玻璃罩软化的作用烫发，
即使不用软化到冷烫那样的程度也
是可以的。中间用水冲洗。相反，
若和通常的冷烫同样软化，则会造
成波浪过强，一定要注意。

另外，这次作为 1 剂是化妆品类型
的药性弱的药剂，仅发挥四成作用。
头发的损伤也会被抑制在最小限度
内。

包上保鲜膜，进行空气烫。要根据发量和受损情况选择缓慢变形的时间。缓慢变形结束后，把空气干燥机的喷嘴固定在发杠上，可以起到让发杠干燥的作用。这个是记住波浪形状的"玻璃罩软化"的操作。

所谓"缓慢变形"的作用，就是把头发的皮质层转移到没有压迫感的地方，由此形成波浪。

冲洗后

检查头发的水分有没有跑掉。一定要完全干燥，才算是玻璃罩软化完成。然后涂上 2 剂，固定波浪。

烫发后

"空气烫"的优点

这次，我们看到了"空气烫"的最大特征，就是既抑制了受损程度，又出现了有弹性、柔和的波浪。但是"空气烫"还有一个特征，就是在热烫中，因为烫发的温度非常低，可以从发根开始烫。就是说，是能够进行从发根开始的立体的烫发。在 apish，利用这个好处，可以向客人建议"3D 烫发"。

能建议出适合客人生活的发型吗?

　　克服了烫发恐惧心理的你,已经很开心,也许可以向客人推荐烫发了吧!不过,稍等一下!不是客人希望的,即使勉强推荐了,不但会被拒绝,还会失去这个客人。

　　所以,接下来让我们思考一下如何让客人感觉到烫发的优点。

＊ 烫发之前

坂:这个模特,即使毫不修饰,也相当可爱了。

编:确实可爱啊!

坂:不过,烫发的话,会变得更可爱。

编:真的?很期待啊!不过,有难度吧?

坂:不,是非常简单的技术,却能让形象大变样。

● 头发 · 骨骼诊断

骨骼:头后部扁平
发量:普通
不过,轮廓重心向下。另外,发质特点是头发在头盖骨周围扩张,容易出现量感。

ホルター付き T シャツ ¥9,975 ／
carlife(carlife 中目黒店　tel.03.5784.0932)

坂卷先生听说模特要去夏威夷，立即和模特热情地聊起了关于出租公寓和西餐馆的话题。

在这个过程中，很自然地就聊到了关于在旅游时保护发型的问题。

坂："说到旅行，就是长时间在外面走啊？"

模特："是啊，你也常出去啊？"

坂："因为我常出去，所以明白。在旅行时，能简单地整理的发型才是最好的。"

模特："确实。"

坂："去夏威夷，用电热棒轻轻地烫个波浪，易整理，相当轻松。你可以试试啊。"

烫好发，在旅行地会很轻松

借助聊天寻找发型灵感！

漫不经心地闲聊中，一定潜藏着客人的爱好和喜欢的生活方式。

这次谈话是围绕着"去旅行→打理头发很简单很轻松→烫发怎么样"的思路进行的。

如果是你，会建议什么样的发型呢？

＊提示

在选择新月分区的位置时，因为头下方分区稍重，会没有立体感，怎么让这里轻盈又有动感呢？这是造型工作中要注意的。

这次使用锁定形状记忆效果的电热棒烫发，做出易整理的发型。

什么是电热棒烫发？

利用矫正自来卷儿的技术，用熨板进行的烫发。

因为是直接卷起来，所以也容易调整设计。另外，根据形状记忆效果，做保养也很简单。

坂卷哲也的回答在下页！

hair design_坂巻哲也 [apish]
make-up_Tsukasa Komata [apish]
photo_Toshiyuki Asada
styling_Kumiko Morisoto
back art_スキヨ [apish]

白シャツ ¥15,750 ／ carlife、
黒ベアワンピース ¥33,600、
パールネックレス ¥10,500 ／ meyou
（以上 carlife 中目黒店
tel. 03. 5784. 0932）

用电热棒烫发做出立体、动感的发型

坂：在后侧加入电热棒制造出动感，前侧保持之前的样子。

编：有立体感和动感哟，很酷又很惹人喜爱。

坂：然后，告诉大家一个重要的消息。在下一章，介绍这个模特的发型在一个月后会成为什么样。而且会把客人适合做什么样的发型一起告诉给你。

编：用在发廊里的话来说，就是应对回头客和提出新建议。

步骤 1

基础剪发

✳ 湿剪

可以不改变长度。
加入内侧高层次后，为了调整量感制造出立体感，加入阶梯修剪技法。

✳ 干剪

做阶梯剪法的地方，加入打薄剪刀来制造模糊感。之后，头盖骨周围的内侧，加入雕剪制造束感。

步骤 2
电热棒烫发

●使用药剂
1 剂: 欧莱雅　X-TENSO
温和的 1 剂
2 剂: 欧莱雅　X-TENSO
温和的 2 剂

剪发和烫发的分区都是相同的。她呢，在比整体烫发时的侧中线稍向后的发量少的地方定位，一方面，呈现立体感；另一方面，脸部周围什么也不做，保留自然直发的印象。

攻略要点 1
分区和剪发相同

攻略要点 2
软化程度的检查

用梳子平卷毛发中间部分，紧紧地拉住，数 "1、2、3" 放开，只要卷儿的直径是 7 毫米就可以了。软化的效果好，最终烫的效果也会好。

1 一圈一圈	2 紧紧地	3 放
	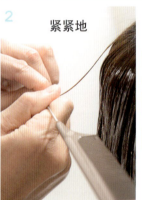	
平卷中间部分	用手指压 3 秒钟	看形状确认软化的程度

攻略要点 3
卷 →移动→ 打开
→放凉

水洗后，定位，在头发半干时，用 19 厘米的电热棒卷头下方分区。这个时候的要点是不要让头发太热。电热棒不是一直放在同一个地方不动，而是依照 "卷 →移动 →打开 →放凉" 的步骤小幅度地变换位置。一束反复操作 3 ~ 4 次，头发变干时就可以了。

其次是新月分区的处理。因为新月分区厚的话，造型就难以有圆润感。所以在发根周围用直发电热棒来控制量感。

◆ 电热棒的温度要根据头发的受损程度，在 120 ~ 140℃ 之间区别使用。

攻略要点 4
波浪和直发的组合

直发部分的电热棒的温度控制在 120 ~ 140℃ 之间，顺着头发表面轻轻移动。

冲洗完

头上方分区按向前卷、直发、向后卷、直发……的顺序交替进行。这样，中间隔着直发，各自的波浪不会缠在一起，会形成更自然、更有立体感、更美丽的烫发。

烫发后

涂好 2 剂之后，为了使挑出来的部分不与其他头发混淆，用细发夹将其别住。

电热棒烫发的好处

电热棒烫发在每一发束上烫出了直发或者波浪，在设计上有很大的优点。所以，在每一个分区波浪和直发可以转换，向前卷、向后卷，直发都可以混杂在一起，就会呈现出更自然、有立体感、认为"烫得好"的发型。

One point advice

要 点
建 议

烫发前

烫发后

设计 -1

"第3种烫发"通过"空气烫"改变质感

空气烫是新的烫发方法。
在 apish，"空气烫"已经常规化。
有光泽感的美丽的波浪流淌出招人喜爱的特质。

烫发前

烫发后

设计 -2

巧用电热棒烫发调整造型

电热烫能完成细腻的设计。
在 apish，只需操作 2 个小时，就能带给你"改变"的惊喜。

　　在第 1 章介绍的不是"怎么"向客人建议烫发，而是把告诉客人为什么要烫发这一点作为目标。因为不能推销客人不要的东西，所以首先要让客人知道烫发能达到什么样的效果，烫发的话，能让客人更加美丽，能解除客人在发型上的烦恼。这些要不经意地传达给客人，这也是增加烫发可能性的第一步。

通过烫发，把客人变美，是只有发型师才能做到的事情。享受这其中的快乐吧。

第 2 章

设计"下一次"烫发

Introduction
第 2 章的主题

有没有从现在开始思考一年间的发型啊？

因为和客人不是只有一次的交往。所以并不是只有在一个时候要做到完美，也要考虑下次、再下次向客人建议什么样的发型。

——第 2 章的主题是"对经常光顾的客人提出建议"。第 1 章登场的模特又来店了，下面就介绍一下接下来该怎么做。

坂卷（以下：**坂**）并不是在发廊只做一次发型就结束了，还有下次。

只做单一的一次可爱的发型是不行的，还必须要有"长远考虑的能力"。

——何谓长远考虑的能力？

坂 例如不考虑下次的事，只在今天做个完美的发型，可是，下次来店时，上次剪多了，头发受损也严重了。即使有想做的发型，也做不了了。

换句话说，要想象下次或下下次的发型。例如"烫发一次以后，下次就很好地利用上次没烫的，做出不同的发型"，"由于长长了，重量变化了，要利用这个变化"，等等，然后顺势做出长期的方案。这就是长远考虑的能力。作为一名发型师，一定要提高这方面必要的能力。

——为了具备长远考虑的能力，有哪些是必须做到的呢？

坂 首先，要读懂客人的心。要知道客人允许在什么样的范围内改变发型。即使自作主张地改变发型，也会被客人一些"不想变短啊"、"太亮的染发有点那个"等言语否定掉。

好像有点跑题了。即使一句"请把头发染亮些"，十几岁的美发学校的学生和 25 岁以上的 OL，其能接受的明度也是不同的。所以，通过和客人的闲聊知道客人的容许范围，知道在哪个范围内满足她改变的愿望是必要的。

——这次的作品是把"春"作为主题。

坂 因为季节不同，环境和客人的情绪也有变化，发型也要与之相应地发生改变才是最漂亮的。

我关于造型的想法，例如冬天是与沉稳的 A 轮廓线搭配的，春天呢适合下面轻盈的菱形的造型，夏天是重心更高的 V 轮廓，相反秋天发型重心要低些。随着季节，要有 A 形、菱形、V 形、梯形等 4 种造型的变换。那么，怎样向客人介绍这些也是很重要的。

——也有不敢挑战新发型的客人，这种情况有什么好的推荐方法吗？

坂 把季节感巧妙地融在设计中，这样建议不是很容易被接受嘛。"春天了，不是要体现可爱的柔美感吗。""冬天，稍微优雅沉稳的感觉不是很好吗……"紧紧抓住季节来建议适当的造型，即使第一次进行设计也是容易被接受的。

同时，还必须要加入时代的特点和流行的元素。不那样的话，不知道什么时候不经意又重复原来的发型了。仅仅是"今年的春夏是这样的"，"明年……"不加入时代的特点就会落伍啊！

在四季的变换中
思考适合季节的发型

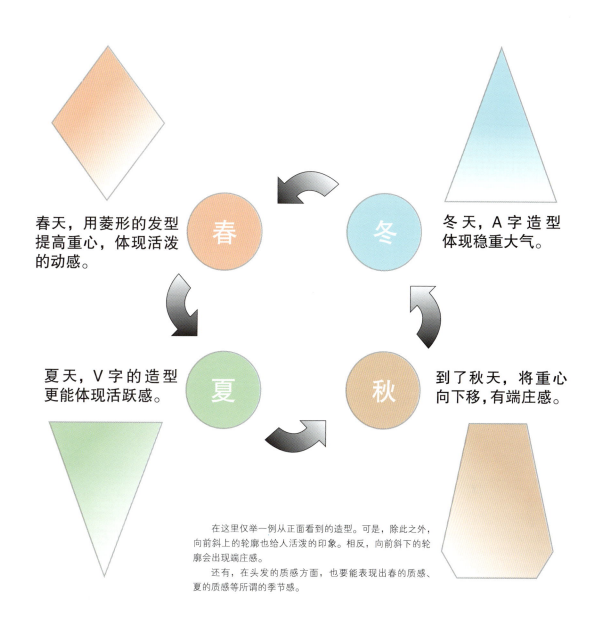

春天，用菱形的发型提高重心，体现活泼的动感。

冬天，A字造型体现稳重大气。

夏天，V字的造型更能体现活跃感。

到了秋天，将重心向下移，有端庄感。

在这里仅举一例从正面看到的造型。可是，除此之外，向前斜上的轮廓也给人活泼的印象。相反，向前斜下的轮廓会出现端庄感。

还有，在头发的质感方面，也要能表现出春的质感、夏的质感等所谓的季节感。

其他……

● 修剪的轮廓是向前斜上还是向前斜下？

● 新月分区在标准位置之上还是标准位置之下？

● 头发的束感是强还是弱？

根据这些来调整，配合季节和心情挑战新发型是没有问题的。

边把握时代感边让客人绽放出新的魅力来吧！

利用一个月前的波浪,创造新的形象

把烫发之后波浪的状态定为 10,没烫发的状态定为 0,那么所谓"卷儿开了"不是从 10 突然降到 0,而是 9、8、7 这样徐徐降落的。因此,烫发的客人第二次来店时头发大致是 3 到 5 这个状态。

如果再把头发烫到 10 的状态,那么头发的受损就会加剧,就不能延续美好的状态了。所以利用原来的"5",再加上适合季节的"5"的设计,就重回了 5+5=10 的设计了,又会收获到 5×5=25 的感动。

● 上次回顾

在上一次烫发之前,头发贴着头皮,是平坦的发型。

这里用电热棒烫发做出了动感,还修出了 A 字轮廓的造型,让厚重和轻盈有了对比。

上次烫发前　　　　　　上次烫发后

< 要点 >

· 侧中线稍后位置,用电热棒做出动感。

· 要强调头盖骨下方的动感,就抬高 A 轮廓线。

●分析一个月后的发型

这是距上次正好一个月的发型。

用电热棒做的波浪还保留着,头发变长了,头顶部变平坦了,颈背分区明显增厚。

另外,看这幅照片就能知道,受骨骼的影响,发型给人留下的是平板的感觉。

フリル付きカットソー ¥4,095／GRAYMAGIC、
クラウンネックレス ¥7,350／ジゼルパーカー
(以上ジゼルパーカー　tel.03.5778.3350)

➕ (有点长长)颈背分区
➖ (有点走形)头顶部、头后部

●根据缺点进行补正,还要考虑适合季节

上次烫发的重心向下降了,发量也变厚重,所以要提升那个重心。 还有,要运用保留的发卷的 C 形波浪,用发尾随意的动感做出充满春的气息的朝气蓬勃的感觉。要点是从 A 形轮廓转变成菱形的造型。

这次只要剪发就能完成这种改变。

翻页之前,请考虑一下,要使用什么样的方法呢。

坂卷哲也的
答案
在下页

hair design_ 坂巻哲也 [apish]
make-up_Tsukasa Komata [apish]
photo_Toshiyuki Asada
styling_Kumiko Morisoto
back art_ スキヲ [apish]

ばら柄ワンピース ¥18,900、
ホワイト2連ネックレス ¥4,095 / Spanish Harlem
（以上 Romeo y JuLieta 原宿店
tel. 03. 3403. 1226)

设计 –1｜坂卷哲也的答案

制作提升重心、富有动感和春的气息的造型

编：长度大致相同，感觉和上次有 180 度大变化。

坂：上次是用电热棒做出自然的娇柔甜美感觉的女性形象。这次要做出有春天气息的更加青春的感觉。

编：在烫发之前分析的特征和缺点也被弥补了。

坂：值得注意的是要有"怎么做能适合客人"的这种想象力和分析力。

这次要把视线投在"即使只是剪发，也要利用上次的波浪"这样的发型上，并解说其中的技巧。当然适合的答案也不是唯一的。

大家也可以边考虑合适的发型边分析，利用剪发、烫发、染发等所有的技术给客人新的发现和感动。

坂卷哲也的建议

你考虑的发型和我的方案一致吗？

首先，思考很重要。通过"思考"这个训练，就能发现设计的灵感。

步骤 1
新月分区

标准的新月分区的位置

上次的新月分区基本在标准位置，可是这次要稍高些，以提高造型的重心。

※ 所谓新月分区，就是在头上方分区和头下方分区之间划出的新月形状的分区。巧用这个分区，能改变女性的形象。

● 新月分区和造型之间的关系

新月分区的位置

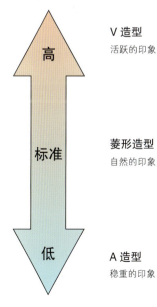

高 —— V 造型
活跃的印象

标准 —— 菱形造型
自然的印象

低 —— A 造型
稳重的印象

湿剪

把头下方分区的发尾受损的部分剪掉 5 毫米左右。这样，发尾干燥的部分也消失了。

攻略要点 1
向前斜上的效果

修剪成向前斜上的轮廓，脸部周围就变短了，能给人活泼的春的印象。全体重心上抬时的平衡感也很好。

侧面是上次用基础鲍勃修剪的，稍稍平坦一些，这次要稍微向前斜上修剪。

新月分区的下方，要配合上次的长度加入阶梯修剪技法，并加入高层次。
取这个部分的厚度来弥补塌陷的程度，能在头后部制造圆润感。

加入阶梯修剪的部分，因为有缝隙（○处），因此要适合其长度来修剪。

新月分区也要和头下方分区的高层次相连接。

头上方分区用低层次修剪，和下方的高层次相连接，造型上会产生圆润感。

攻略要点 2
发旋儿的处理

有旋儿的部分，用粗齿的梳子提取，无张力修剪（译者注：不用力提拉发束不破坏发根的方向性和直立感的修剪方式）。这样一来，就能防止旋儿周围头发的扩散，容易集中。

攻略要点 3
脸部周围的处理

因为脸部周围的轮廓线可以使女性形象发生很大的改变，所以边考虑适合客人的发型边开始修剪吧。

刘海儿要留得重些、长些，顺着侧边营造动感。脸部周围为了和刘海儿相连接，加入高层次。制造蘑菇头风格的圆润感，女性的可爱模样就出来了。

因为头顶要制造飞扬的效果，所以要记住这一点，剪出长的部分。

干剪

颈背分区从外部加入雕剪，剪掉受损的头发，同时让发尾产生动感。

让脸部周围的轮廓线清晰，修剪就完成了。

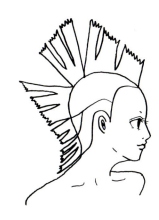

攻略要点 4
活用残留的发卷儿

利用保留的发卷，容易让发尾产生动感。

完成

什么是抓住客人心的分析力和创造力？

在设计 –1 中，我们以"利用上次的烫发，创造新发型"为主题进行了讲解。那么，这次将"把创造下次的新发型放入视野进行设计"作为主题进行考虑。

要点是"分析力"、"想象力"还有"创造力"。

分析发型要适合客人的骨骼、发质自不用说，还要适合客人的生活状况。想象客人下次来店时会成为什么样的发型呢？而且，这次、下次、下下次……保持一种总是能给客人提供惊喜的造型能力。这也是为了把分析力、想象力掌握好的必备条件。

烫发前

ピンクラメキャミ付きボーダー半袖
¥15,750 ／ Dual Boot(Romeo y
JuLieta 原宿店 tel.03.3403.1226)

● 分析现在的状态

这位模特因为有头发细、易受伤的缺点，虽然发质整体上也很干爽，但一旦有损伤，就容易打结，不顺滑。特别是冬天空气干燥，在静电的影响下容易扩散。另一方面，因为头发原本细而柔软，所以头顶是扁平的。

对此，除了改变发型外，还要改变发质，问题才能解决。也就是说，做出"发尾润泽，发根蓬松"的和现在完全不同的质感。

Counseling
沟　通

坂：“头发很细啦，头顶挺塌的。”

模特：“是啊，平平的。”

坂：“然后，起静电时还会啪兹啪兹地响。冬天的时候更干燥了。”

模特：“是的。”

坂：“比如说把头发剪短了，也很可爱。怎么样？”

模特：“嗯，可不想剪啊。保持这样长度的话……”

坂：“是啊（那么，试着建议用烫发解决问题吧）。哦，试过'空气烫'吗？因为会出现自然的量感，头顶部也会立起来，平常整理也很轻松。”

模特：“啊，那就试试吧！”

这次由烫发来实现：

①头顶部立起来。

②改变头发的质感。

③制造出有春天气息的活泼的形象

主题。

牢牢地把握容许范围

了解容许范围是非常重要的。立足于客人的生活状态，在她的容许范围内加入季节感、时尚感，做新的发型。而且要把下次和再下次也纳入视野，考虑连续的变化，创造客人的发型。这是迈向人气发型师的第一步。

如果是你，建议什么样的发型呢？

< 要点 >

选取新月分区。因为要设计甜美、有春天气息的女性形象，大致取在标准位置。

坂卷哲也的

答案

在下页

hair design_坂巻哲也 [apish]
make-up_Tsukasa Komata [apish]
photo_Toshiyuki Asada
styling_Kumiko Morisoto
back art_スキヨ [apish]

花柄ワンピース ¥44,100 ／ Lois CRAYON
(Lois CRAYON tel.03.3709.1811)、
パールロングネックレス ¥4,095 ／ Spanish Harlem
(Romeo y Julieta 原宿店 tel.03.3403.1226)

上扬的设计感改变质感

编：顶部的塌陷解决了。烦恼消失了。

坂：重要的是觉察到客人关于头发的烦恼，然后分析、沟通，集中信息，了解客人的容许范围。而且，在这个范围中，做出解决客人的烦恼，唤起客人的感动的发型。 进而，看出下次来店时怎么改变客人的发型就更成功了。

编：这次做的是春天的印象，下次是初夏的。

坂：实际上已经把改变发型的"手法""潜伏"在发型中了。

这本书中介绍的技巧林林总总，如果能从中看出怎么"分析"、"想象"、"策划"，那么，在发廊中就会有更广泛地应用了。

坂卷哲也的建议

你考虑的是什么样的发型呢？

没必要和我的建议相同。反复提醒"思考"是最重要的。练习思考，可以扩大设计的广度。

步骤 1
基础剪发

新月分区的下方加入高层次，提升造型，新月分区也与这里相连接。

新月分区的上方加入雕剪，制造束感。

将前额的发束剪短，制作出上扬的感觉。

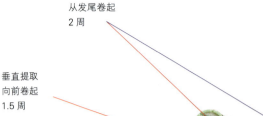

垂直提取
从发尾卷起
2 周

垂直提取
向前卷起
1.5 周

发杠向下
从发尾卷起
1.5 周

步骤 2
烫 发

新月分区

新月分区一定取在和剪发相同的位置。
如果位置偏了，理想的女性形象就受影响了，两边的发量也不一致。

因为发质柔软，使用包含角质蛋白的前处理剂，不仅要表现出张力，还要表现出立体感。

如果发尾有损伤，用弹力素来保护。

发杠角度 0°
从发尾卷起
卷 2 周

脸部周围从发尾卷起，留出发尾，卷 2 周。

< 使用药剂 >
● 日本宝贝蒙株式会社的 ESSTESSIMO 的烫发液 1 剂、2 剂。

● 关于缓慢变形和玻璃罩软化

因为头发细，又有受损，使用化妆品类型的 1 剂，放置 5 分钟，能够看到软化状态（①）。然后进行中间水洗。②的缓慢变形后，看烫的情况③，出现了很好的波浪。在④进行玻璃罩软化。⑤以 2 剂涂抹，建立双硫结合。

● 什么是缓慢变形？
所谓缓慢变形，一般地说，就是给物质持续施加一定的温度和力，使其形状发生改变的现象。
因此"空气烫"是利用在上发杠的状态下给皮质层膨润、加温，产生压力，使其移动到压力小的地方（结果，就会在压力小的地方，即沿着发杠形成波浪）。

● 什么是玻璃罩软化？
对于 CMC（毛发细胞膜复合体），温度和水分含有量一上升，会成为橡胶一样柔软的状态。在这个状态的时候，用缓慢变形制造波浪。之后，为了巩固那个状态，降低温度和水分含量，来固定波浪形状。这个固定的过程就叫做玻璃罩软化。

皮质层

❶软化测试；❷缓慢变形；
❸缓慢变形后的波浪；❹玻
璃罩软化处理；❺涂 2 剂

攻略要点 1
弹力剂的活用

用红线—拉出的 4 个发杠，因为发尾不出现波浪，只让发根有上扬的效果，所以在发根要特别涂上弹力素。

烫发后

冲洗后

发杠角度 0°
从中间卷起
3 周

头后部发杠角度是 0°，从中间卷，卷 3 周。向前卷、向后卷交互配置。

卷 2 周和卷 3 周的不同，在考虑下次发型的时候就会表现出来了。

卷 3 周的部分，即使在下次剪掉卷 1 周的部分，还会留有波浪。

另一方面，如果卷 2 周的话，剪掉卷 1 周的部分，还能出现波浪。

这样，边考虑下一次的发型边画出下次的设计图。这是最好的捷径。

攻略要点 2
分别使用卷 2 周
和卷 3 周

坂卷哲也的作业

❶ 想象一下一个月后这个模特的发型会成为什么样。

❷ 分析一下这个结果会有什么样的缺点产生。

❸ 怎么做才能解除那个缺点，并建议新的发型？这两方面一同考虑一下吧。

一个月前 现在

设计 -1

从 A 形轮廓到菱形改变重心位置，变成有春天气息的发型

运用上次电热棒烫发产生的波浪，提高重心，完成有春天气息的发型。
即使只是剪发，也能改变成这样的发型。

烫发前 烫发后

设计 -2

用空气烫，不改变长度制造顶部蓬松的效果

运用"空气烫"能从发根安全操作的特点，让稍稍塌陷的头顶飞扬起来。另外，一个月后如何建议也要纳入思考范围，制造波浪。

坂卷哲也的作业

请考虑一下："一个月后怎么办呢？""如果是你，怎么改变那个发型呢。"

这次把"创造力"作为主题，探讨关于在发廊的建议和提出建议的方法。

可是，这里介绍的点滴技术到底是"坂卷哲也的观点"，并不是像学习、考试那样只有一个正确的答案。所以，这次正好使用"空气烫"，不过即使普通的冷烫剂，在弹力剂的使用方法、卷法、药剂的涂抹方法等方面下功夫的话，也能得到同样的效果。

重要的是，分析客人，想象下次的操作，考虑有客人独特风格并且适合季节的发型，才能让客人也满意。如果这本书因此对你有所帮助，我会非常开心的。

重要的是分析客人，想象出下次的情况，来制作发型。

第 3 章

利用烫发增加设计的多样性

title—page Illustration_Mayuko Sase

INTERVIEW | 坂卷哲也专访

增加客人的选择

正如每个客人的个性是不同的，客人的发型和思路也是不同的。所以，为了能根据不同的客人提出合适的建议，就应该准备很多方案。所以，这次针对与客人的沟通和发型的选择进行访谈。

——第 3 章的主题是"设计上的选择"。首先，前半部分是看看距上次烫发一个月后的发型，加入新的建议。

坂卷哲也（以下：**坂**） 在第 2 章，我们留了"预测一个月后的发型"的作业。首先请大家在做出合适的答案之后，考虑下一个发型的操作方法。

另外，在作品中刘海儿的厚度和重量、轮廓的重和轻、重心的位置、中间部分和发尾的动感和束感、立体感等，在细节上加上一点儿小变化，就能把女性形象改变成适合季节的样子。我想在发廊工作时也可以作为参考。

这样，一边考虑季节感与女性形象的搭配，同时也要掌握长期创造的能力，就能获得客人的支持。

——这次也只是剪发，就能让波浪再现。

坂 去除发尾的厚重和松散了的发卷儿，另外根据出现的束感，呈现立体的造型，恢复波浪的动感。

即使客人喜欢烫发发型，如果连续烫发，头发受损就会加剧。所以，要控制头发的受损程度，因此建议新的发型要有长期的打算。

增加选择余地的创意

不要对客人的要求照单全收，要通过沟通再来确定，也许会发现可以有不同的选择，并由此产生下一次的设计。

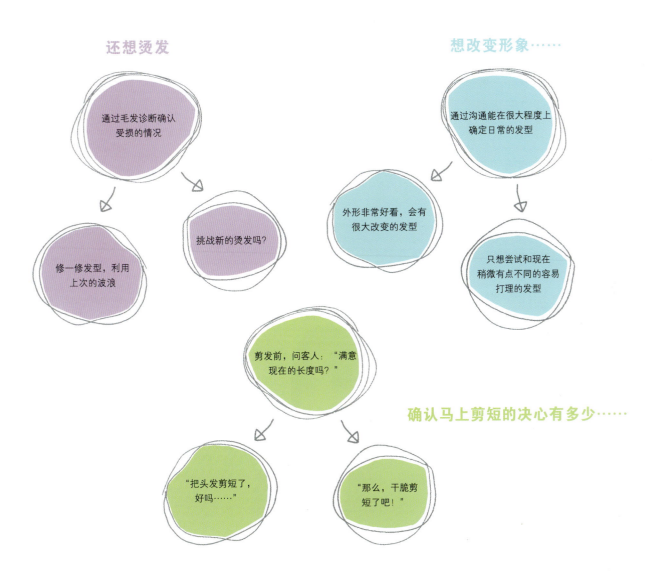

还想烫发

- 通过毛发诊断确认受损的情况
  - 修一修发型，利用上次的波浪
  - 挑战新的烫发吗？

想改变形象……

- 通过沟通能在很大程度上确定日常的发型
  - 外形非常好看，会有很大改变的发型
  - 只想尝试和现在稍微有点不同的容易打理的发型

- 剪发前，问客人："满意现在的长度吗？"
  - "把头发剪短了，好吗……"
  - "那么，干脆剪短了吧！"

确认马上剪短的决心有多少……

——后边，使用加温发杠式烫发和加热棒烫发，调整卷度与发量的均衡。

坂 因为原来是短发，现在稍稍长长了，到了要搭在肩上，并且是半长不短的程度。如果先说明的话，模特也会觉得把长长的头发剪掉为好。

但是，假使现在把头发剪了，下次再长长，也是需要时间的。所以这次不改变长度，只调节表面的质感和束感，去掉厚度，做适合夏天的有空气感的发型。

——犹豫是否要改变长度的需要商量的对象也很多吧。

坂 当然，如果爽快地说"剪吧"，那就剪了。不过，如果是说"把头发剪短了，好吗……"这种情况时，就对客人说："反正今天不剪，也可以试试烫发。"因为剪发什么时候都可以。

如果客人自言自语"把头发剪短了，好吗"，那某种意义上就是给你两次以上的设计机会。要准备好向客人建议下次烫发，或者利用现有的长度烫发。

一个月后的发型
正是如你想象的吗？

　　如同在黑白棋游戏中，如果没有下一步打算，只看到眼前就会输掉。在发廊中如果这样，只是针对当时的状况提建议，那么在某处就会行不通了。

　　如果要行得通，那么，怎么办才好呢？

　　那就是想象"下次来店时会变化成什么样的发型呢"？要把下次的建议也融入到这次的设计中。

　　这次还是请上一次烫了发的客人登场，检查一下一个月后的发型。和上次相比，发型发生了怎样的变化呢？和大家预想的进行对照，锻炼一下自己的想象力。

● 上次回顾

上次把"发根平，发尾干"的发质通过"空气烫"变成"发尾润泽，发根蓬松"的完全相反的质感，制造出在头顶上有飞扬的春天的气息的发型。

上次烫发前　　　　　　　　**上次烫发后**

<要点>
· 在上方做出飞扬的效果，要提升重心。

· 在中间到发尾做出波浪，有光泽的质感。

作业完成了吗？

上次，留了 3 个作业，还记得吗？因为还来得及，在翻到下页之前，看看上面的照片，请思考以下问题。

1. 由此一个月后（也就是这次）想象其会成为什么样的发型。

2. 分析一下那个结果会出现的缺点是什么。

3. 思考一下怎样消除那个缺点，如何建议新的并且适合客人的发型。

● 分析一个月后的发型

ドットノースリーブ ¥12,600／snarl extra
（ジゼルパーカー tel.03.5778.3350）、
ネックレス ¥1,890／ROJITA
（ROJITA tel.03.3477.5118）

右侧

后面

＋ （厚重）颈背分区
－ （有点塌陷）顶部、头后部

和你预测的发型一致吗？

经过了一个月，重心下降。另外，有一些波浪松散了，基本上成一平面。
还有，从侧面看，头后部和头顶部也很平。

● 运用上次的波浪，思考适合季节的新的发型……

上次是利用波浪松散的感觉做的发型，这次不如做让波浪集中的发型。
而且让立体感、束感再现，这次不烫发只剪发，做出初夏的发型。

要点是稍微剪去点儿长度。长度一变短，长度本身的重量也消除了，简直像弹簧一样，卷发的波浪感就出来了。
另外，用雕剪制造束感，然后想象一下该从哪里入手呢。
还有一个，从大波浪发型转变为卷发的过程中也潜藏着"技巧"，尝试着使用一下吧。

翻下页之前，请考虑一下："怎么剪能让波浪重现呢？"

坂卷哲也的
答案
在下页

hair design_ 坂巻哲也 [apish]
make-up_Tsukasa Komata [apish]
photo_Toshiyuki Asada
styling_Kumiko Morisoto
back art_ スキヨ [apish]

改变发型来解决松散了的卷儿，恢复卷度

编：在烫发之前，发现波浪松弛了，又能回复弹性。

坂：从上次的大波浪发型，改变成现在的多卷儿发型。上次已为这次打好了伏笔。这次就充分利用吧。

编：即使不烫发，也能享受有波浪的发型。

坂：如果连续烫发，怎么小心也会使毛发受损加剧。尽量不给头发造成这样的损伤，又能做出适合的新设计，为此，有总体创造力才是最重要的。

步骤 1

能让波浪再现？

坂卷哲也的建议

你考虑什么样的发型呢？ 在发廊有效控制头发受损的加剧，组合剪发、烫发、染发，来不断建议新的发型吧。

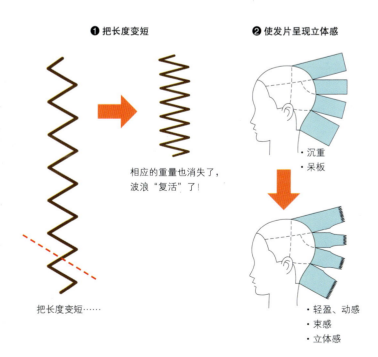

❶ 把长度变短

相应的重量也消失了，波浪"复活"了！

把长度变短……

❷ 使发片呈现立体感

· 沉重
· 呆板

· 轻盈、动感
· 束感
· 立体感

标准新月分区的位置

上次基本上是在标准位置确定新月分区的，这次取在稍高的位置，制造出活泼的印象。

湿剪

1. 长度大约剪短 5 厘米。

4. 头上方分区垂直提取发片，用高层次连接。

2. 纵向提取新月分区下方的发片，向上提高 120°，加入高层次修剪。

5. 刘海儿用湿剪重剪，用干剪调整质感，使其变轻。

3. 新月分区的位置也同样提高，加入高层次修剪。

6. 头顶部垂直提取发片，加入高层次修剪。

干剪 完成

7. 头上方分区用锯齿剪技法加入高层次。

8. 从新月分区外侧加入雕剪，制造束感。之后再确认一下就完成了。

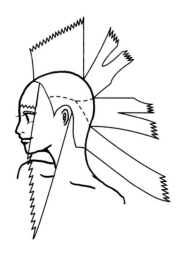

如何利用现有的长度设计发型呢?

多数客人会在头发长长的时候来发廊。

换句话说,也就是在头发半长不短的时候来发廊。

这个时候不能简单地回到原来的发型,要考虑一下能不能更好地整理半长不短的头发,提供更多的选择,从而来提高建议的成功率。

接着与客人沟通,了解客人的要求。是什么样的发型都OK吗?平常能把发型整理到什么程度呢? 然后锁定选择的发型。

烫发前

检查

分析现在的状态

这是来时候的发型。一看就知道,侧中线稍前的位置是直发,头后部脖子周围出现了不规则的波浪。

看起来这个形状是平时把头发系在后面造成的。

通过和客人沟通,确认了这一点。

フリル半袖カットソー ¥37,800／COAST
(ジゼルパーカー tel.03.5778.3350)

Counseling
沟　通

坂： "头发有点细啊。下雨时头发会外翻吧？"

模特： "是，是的。"

坂： "是上班吧？头发有印痕，莫不是工作中总是把头发扎起来？"

模特： "嗯。"

坂： "啊，怪不得。这种情况在护士和空姐中比较常见。这就是皮绳印。今天给你矫正这个印痕，同时给你做一个有夏天气息的设计。"

关于皮筋印痕

在与客人沟通过程中也谈到，平时工作中绑头发的人 "皮筋印痕" 比较常见。

如果没有找到这个原因，会认为是头发本来就这样的。这样设计发型，容易失败。通过沟通确认之后，再洗发吹风，来消除这个印痕吧。

这次用加温发杠式烫发和电热棒烫发，注意下面两个要点，然后，与下次的建议相结合。

①调整侧中线前后的平衡。

②修正 "印痕" 的问题，给人以活跃的印象。

如果是你，建议什么样的发型呢？

< 要点 >

我们在 P046 中看到侧中线的前后发量的平衡已经破坏了。还有，新月分区有点膨胀。

把这个问题解决好，从 A 形向菱形改变。

坂卷哲也的
答案
在下页！

hair design_坂巻哲也 [apish]
make-up_Tsukasa Komata [apish]
photo_Toshiyuki Asada
styling_Kumiko Morisoto
back art_スキヲ [apish]

ドットワンピース ¥6,825／ROJITA
（ROJITA tel.03.3477.5118）、
グリーン3連ネックレス ¥12,600／ベルカプリ
（ベルカプリ tel.03.3407.2571）

重塑平衡感，制造新的印象

编：重心上提，发量的平衡感也加强了。

坂：及肩的长度，有不好整理的缺点。所以用加温发杠式烫发和电热棒烫发记忆形状，改变质感，变为易整理的发型。怎么设计这种长度的发型呢，这就是考验实力的时候了。如果这种长度的设计掌握得好，中长发和长发也能应对好。

编：已经想好下次设计的方向了吗?

坂：这次用剪发也可以完成改造，但是我不用剪发也可以完成。下次我打算变成短发造型。不过，还会保留波浪的质感，做出新颖的发型。

坂卷哲也的建议

你考虑的是什么样的发型呢?
把握客人头发的皮绳印和平时的生活状态，就能建议适合客人的好的提案。

步骤 1

基础剪发

新月分区基本定在标准位置。

● 用阶梯式剪发来调节发量

为了减少侧中线稍后部的发量，进行调节。

从内侧开始以阶梯式剪发去除多余的发量。

①
②
③
④

首先从颈背分区提取发束，从发束的一半的位置向里加入阶梯式剪发（①）。然后，取这个发束上面的发片，从上到下加入阶梯式修剪（②③）。中间分区也用同样的方法进行处理，最后再处理上方分区的内侧（④）。正好形成长的头发覆盖了用阶梯式修剪变短了的头发。

步骤 2

烫 发

攻略要点 1

利用 1 剂的时间差

先只在中间部分涂，再从中间涂向发尾。由于形成了一个时间差，所以中间发卷紧凑，发尾发卷舒缓。

上发杠

① 只在中间部分涂 1 剂，先进行软化。

② 过一会儿，从中间向发尾涂。

③ 中间紧凑，发尾有轻度的软化。

① 新月分区是需要减少发量的地方，所以要在距发根 2 厘米的地方涂。

② 侧面要在距发根 5 厘米的地方涂。这样发根就不会塌陷，还能出现波浪。

③ 不需出现波浪的地方，涂上保护剂，再盖上保鲜膜。

攻略要点 2

离发根几厘米

1 剂涂在要减少发量就是离发根近的地方。这次呢，按右侧的说明，新月分区离发根 2 厘米，侧面距发根 5 厘米的地方开始，按照想好的设计分别涂抹。

●**头下方分区**
发杠角度 0°，从中间卷 2 周。向后向前交替卷。

●**新月分区**
平卷，卷发尾，卷 1 周半。

●**侧面·头上方分区**
发杠直径要比头下方分区的发杠大，发杠角度是 0°，从中间卷，卷 2 周。向后向前交替卷。

●**使用药剂**
欧莱雅 X-TENSO 1 剂、2 剂。

攻略要点 3

涂在哪儿?

加温发杠式烫发的要点不是在哪儿卷，而是药剂涂在哪里。不涂药剂，就不会产生波浪。

另外，头上方分区要从距发根 3 厘米，头下方分区要从距发根 4 厘米的地方涂。

脸部周围的头发，在其他地方加温结束之前，涂 1 剂，马上洗掉。拆发杠之前，用加热棒轻轻地把皮绳印熨平。不要把头发烫干。

新月分区的下方和上方，在卷发杠之前，用离子夹把皮绳印轻轻地熨平。不要把头发烫干。

新月分区用手握住发尾来保护，把发根加热到七成干。然后，卷发杠之前，用离子夹加温，直到热气冒出，头发变直，量感也随之减少。头发一干，头发就变长。

※ 夹板的温度是 160℃

攻略要点 4

区别使用离子夹

根据离子夹加温的程度，能控制出各种各样的质感，请多应用。

涂完 2 剂后，放置。为了防止松弛，不要忘记用夹子夹住。

冲洗后　　　完成

在发杠上连接导热线，加温。

One point advice

要　点
建　议

一个月前　　　　　　　　现在

设计 -1

利用剪发，再现卷度

从上次甜美的印象，变成这次酷感十足、优雅
的印象。
另外，上次烫的发卷儿通过剪发复活了。像这
样，就能让客人体验各种发卷儿的设计了。

烫发前　　　　　　　　烫发后

设计 -2

用加温发杠式烫发控制量感

加温发杠式烫发和药剂的组合，能消除皮
绳印，并控制前面和后部的量感。

坂卷哲也的作业

和上次一样，作业是关于"一个月
后的发型"、"从结果来看，出现
了什么缺点"、"怎么解决缺点并建
议新的发型呢"，在进入下一章之
前思考一下吧。

　　这次我们是把通过护理发卷儿和调节皮绳印与发量变成具有初夏
特点的发型作为主题的。
　　接着上次继续出场的第一个模特在一个月后，发卷儿和发型会有怎
样的变化呢？让我们预测和验证一下吧。过一会儿，你将看到只需简单
剪发就能让发卷儿"复活"的设计。
　　另外，对于第二个模特，是把沟通作为桥梁来建议烫发。让我们来
感受一下发廊里沟通的重要性吧。

设计发型必须要有很多的选
择。因此，一起来学习烫发的
技术吧。

第 4 章

领会、响应客人"想法"的烫发

title-page Illustration_Mayuko Sase

INTERVIEW | 坂卷哲也专访

客人的想法
发型师的回应

客人关于发型,通常有什么样的"想法"呢。如果不想领会、回应客人的"想法",无论有多么高的烫发技术和设计能力,都将毫无意义。所谓"掌握烫发的技能",就是说"在烫发上要回应客人的想法,然后让客人满意"。

——第 4 章的主题是领会、回应客人"想法"的烫发。

坂卷哲也（以下：坂） 这次的两个模特,在某种意义上说是一种对比。接着上一章出场的第一个女孩是以鲍勃为基础。相反,新出场的第二个女孩是长发发型。另外,梳鲍勃发的女孩说想把长度变短。梳长发的女孩,不希望改变长度。

不过,共同之处是对发型都有点"想法"。即使改变长度,也不能超过她们的"容许范围"。

——您反复强调的是,知道了"容许范围",发挥想象力,能看出下次、再下次的设计发型是至关重要的。

坂 在设计中必须反映客人的想法。发型师不能随便设计。

——采访的前半部分的重点是通过在修整头发长度的同时充分利用上次烫发留下的发卷儿来改变顾客的形象。

坂 尊重客人的想法成为这次的关键。即使是专业人士,也不能自作主张去剪发,非专业人士也会觉得自己剪的刘海儿可爱。

领会、响应客人的"想法"

客人有时在心中有"想做这样的发型"、"如果做了这样的,有点儿……"
这样的盘算。领会客人的心思,大家掌握的技术力、设计力、创造力
才能发挥作用。

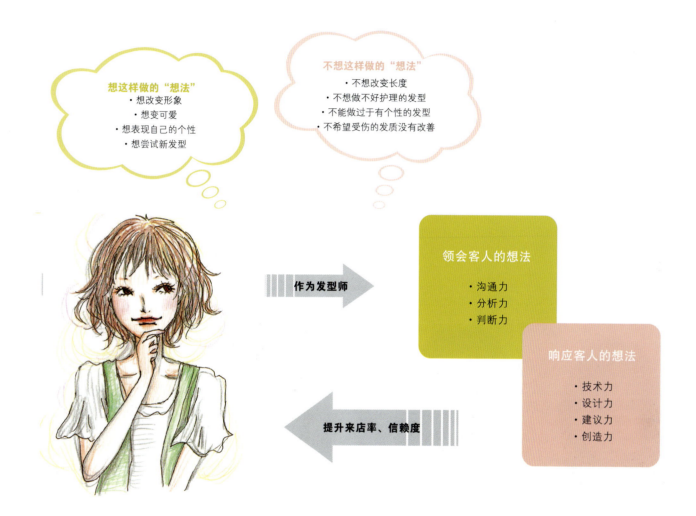

想这样做的"想法"
· 想改变形象
· 想变可爱
· 想表现自己的个性
· 想尝试新发型

不想这样做的"想法"
· 不想改变长度
· 不想做不好护理的发型
· 不能做过于有个性的发型
· 不希望受伤的发质没有改善

作为发型师

领会客人的想法
· 沟通力
· 分析力
· 判断力

响应客人的想法
· 技术力
· 设计力
· 建议力
· 创造力

提升来店率、信赖度

在作品中,以改善"散乱、塌陷"和烫发后保留的卷度,来组合舒缓
的波浪。和大家不同的是,要表现出有个性的可爱形象。

——后半部分在此之后,要将不改变长度而改变女性形象作为重点。
坂 梳长发的人比梳短发的人保守得多,而且大部分不能干脆地剪短。不
过,这也是理所当然的。例如,达到肩下 30 厘米,至少要留 3 年。
  所以,突然建议剪个新奇的发型,是不能被接受的。即使那个人适合
短发型和鲍勃,也不能强迫客人说:"剪了吧。"重要的是要让客人明白我
们理解她留长发的心情。
  另外,梳长发,怎么弄头发都会积累损伤。让客人明白这种情况,向
客人建议适当的护理,这也是设计之一。

什么是让客人满意的改变形象的建议力？

　　在发廊工作当中，会有客人提出"想去掉现在烫的头发。那么，剪到多短合适呢？"这样的咨询。不过，这个时候，按照客人自己说的给她剪掉发卷儿，并不能真正地让客人满意。为什么呢？客人提出这样的要求，并不是讨厌烫发，只是想改变形象。

　　改变形象就看发型师的水平了。利用客观的分析和有效的建议来让客人满意吧。

　　这次还是前次烫发的模特登场，让我们确认一个月后的发型吧。请边检查发型的变化边思考改变形象的建议方法。

● 回顾上次

上次烫发前

上次烫发后

上次这个模特把长度剪短也没关系，但是我们并不是马上就剪，而是让她再享受一次波浪。于是建议她用加温发杠式烫发调整侧中线前后的平衡，提高重心，制造出活跃的印象。

<要点>
· 让头顶产生上扬的感觉，提升重心。

· 调整侧中线前后的平衡。

作业完成了吗？

上次也给大家留了作业。因为还来得及，请在看下一页之前，看一看上面的照片，思考下面的问题。
①由此一个月后（也就是这次），想象其会成为什么样的发型。
②分析一下那个结果会出现的缺点是什么。
③思考一下怎样消除那个缺点，如何建议新的并且适合客人的发型。

● 分析一个月后的发型

シフォンブラウス ¥7,600 ／ヴァニティバイ
ス（ヴァニティバイス tel. 03. 3476. 8945）

（沉重）左侧

（平板）头后部

➕（沉重）左侧
➖（平板）头后部

和你预测的发型相同吗?

经过了一个月，因为头顶部的高层次变长了，轮廓成平板的了。另外，
因为内侧的高层次也在长，挤压着发卷儿。
另外，从后面看，平衡感也被破坏了。

● 运用上次的波浪考虑新的设计

在前次的沟通中，了解到把长度剪短也可以，这次就以此为前提进行烫发。
这次，剪掉上次的波浪中最紧凑的部分，运用留下的松缓的发卷儿进行设
计。

主题是平衡轻重。整体是以蓬松可爱来造型的。不能只留下蓬松的印象。
就像在西瓜上撒盐，加入了不同的要素，印象就变了。

翻开下页之前，请考虑"怎样剪，怎样利用发卷儿能很好地改变印象呢？"

坂卷哲也的
答案
在下页

hair design_ 坂巻哲也 [apish]
make-up_Tsukasa Komata [apish]
photo_Toshiyuki Asada
styling_Kumiko Morisoto
back art_ スキヨ [apish]

白パフスリーブ 半袖カットソー ¥4,200、サロペット ¥11,800、
グリーンベスト ¥3,800 ／ヴァニティバイス
（以上 ヴァニティバイス tel.03.3476.8945）、
黄緑ロングネックレス ¥3,150、ブルークリア3連ネックレス ¥3,990、

ダイヤ柄黄バングル ¥2,520、黄色ガラスバングル ¥1,890 ／ベルカプリ

（以上 ベルカプリ tel.03.3407.2570）

柔软的波浪的动感和硬朗的平剪的平衡

坂：也可以认为只是把长度变短，就可以使女性形象有大的改变。那么，重点是什么呢？

坂：从整体来说，就是用阶梯剪法在发片上制造空隙，呈现蓬松感。但会使表面的一部分有印痕，容易扩张。所以这部分加入平剪，抑制扩张，给表面增加重量。这样处理的部分，只占全体的2%，有这个重量，就显出全体的轻盈。

编：注意点是什么呢？

坂：即使认为加入不同的质感，改变所有的"走形"，"这样做，都合适"，也不能无视客人的意见，擅自做主。需要注意的是，要通过沟通领会客人想法。

坂卷哲也的建议

你想出的是什么样的发型呢？
希望改变形象的客人也应该对会变成什么样的发型感到不安的。好好地领会客人的意图，提出让客人满意的建议吧。

步骤 1

波浪的确认

攻略要点 1

设定长度的思考方法

确认一个月前的烫发垂落在头下方分区的有多少，根据这个情况决定长度。

确定新月分区，分开取头下方分区的发束。
新月分区大致取在标准位置。另外，分开取发束，确认波浪留在哪儿。
还有，中间部分烫的波浪也失去了一些卷度，之前重心下降也是这个原因。

湿剪和干剪

湿剪

1 从有卷度的地方开始剪起，这次长度要剪去 5 厘米左右。

2 因为头下方分区保留着若干卷度，根据做出的空隙，就能把
C 形发卷儿的动感温柔地表现出来了。

3 新月分区加入低层次修剪。见 P057 改造前的图就知道，头
后部的骨骼稍平，看起来很瘦。加入低层次，可使发型看起来
有立体感。

4 头上方分区也加入低层次，来和新月分区相连接。

完成

干剪

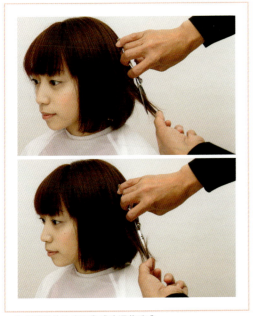

5. 在干剪时边注意平衡感边调节质感。

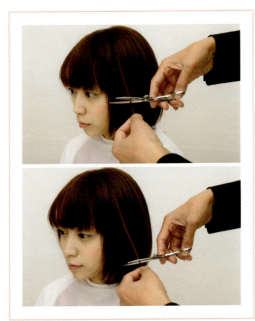

6. 通过用平剪使发尾产生出不规则的切口，显现出发型的强度。

攻略要点 2

尝试平剪的心情

取几束发束做平剪，在柔软的动感中，做出韵味强的发尾，这样就能强调更可爱的女性形象。可是，因为也有客人不接受的情况，请经过沟通确认客人的想法。

了解客人的洞察力

　　通过发型改变印象最简单的方法是改变长度。不过，不能向不想改变长度的客人推荐这种方法，尤其是对那些好不容易长长的长发的人更不能如此。

　　在设计 –1 中，根据长度的变化和波浪·卷度的变化来改变印象。这次和下次，你怎么领会客人的意图，并做出反应呢？

烫发之前

观察

半袖カットソー ¥12,600 ／ Equatorial Stimulation (Equatorial Stimulation
tel. 03. 3498. 0033)
黄花ネックレス ¥8,400 ／ベルカプリ (ベルカプリ tel. 03. 3407. 2571)

分析现在的状态

是长发发型，没有特别明显的印痕，是很美丽的直发。不过，头发本身有点损伤。另外，毛发从根部就没有什么弹性，所以紧贴着头皮，甚至直直地垂落下来，是不容易做出动感的发质。

Counseling
沟 通

坂："非常美丽的长发。"

模特："谢谢。"

坂："长发确实漂亮，不过，想过要改变长度吗？"

模特："嗯……想改变发型，但还是喜欢这样的长度。"

坂："那么，利用烫发来稍微加入一点改变？"

模特："没烫过，不过想试试。可是，发卷儿太强就不喜欢了。因为有时候还是觉得直发好。"

坂："（说到形状记忆烫发，自己能吹成直发，不过，有时候也会难处理）那么，什么也不做，会出现舒缓的波浪，吹风会变成直发，这样的烫法怎么样？因为有好的营养护发素，一起保养一下受损的头发，会让头发更光泽、更漂亮。"

这次利用冷烫和"毛发调理精华液"，实现：

①护理受损的头发，使其呈现出光泽感。

②必要的地方出现弹性·量感（与之相反也有要降低量感的地方），并取平衡。

③和现在的造型不同，展现出客人新的魅力

这样的主题，同时与下次的建议相承接。

对长发的客人……

长发无论怎样都容易积累损伤。当然，这件事客人也发现了。所以，不能仅限于烫发，还要把"用现在的药剂和技术把受损控制到最小"这一点传达给客人。同时，也可以向客人建议护发。重要的是对"受损头发的改造"。

如果是你，会建议什么样的发型？

<提示>

怎样控制全体的量感是重点。在这当中，请思考一下在头下方分区、新月分区、头上方分区怎样卷发杠，才能够呈现更有效果的波浪。

坂卷哲也的
答案
在下页

hair design_ 坂巻哲也 [apish]
make-up_Tsukasa Komata [apish]
photo_Toshiyuki Asada
styling_Kumiko Morisoto
back art_ スキヨ [apish]

赤ドットキャミソール ¥13,650、白ブラウス ¥30,450、
麻花刺しゅうカシュークールワンピース ¥54,600／
Equatorial Stimulation(以上 Equatorial Stimulation
tel. 03.3498.0033)、ロングネックレス ¥12,600／
ベルカプリ (tel. 03.3407.2571)

护发的同时绽放烫发新的魅力

编：量感明显地产生了，长度也没有变化，但是造型却发生了大的变化。

坂：听说她一直都没烫过发，因此这次烫发也是冒了很大的风险。这次，量感很容易地出来了，卷度的持久性也不错。就这些而言，确实是很成功的。

不过，因为持有"烫发＝受损"观点的人也不少，所以这次也考虑到把"毛发护理精华液"一起使用，从弹性、光泽感、触感、外观的质感等方面满足客人。

编：那么，请给我们公布一下下次的作业吧。

坂：她这次是冒险烫发，对完成情况也是很满意的。这样的冒险心被满足了，就会产生"再尝试各种发型"的新的"想法"。所以，下次怎样改变印象，满足她的"想法"，就是我们要思考的重点。请根据一个月后的变化，思考下一次的建议吧。不过，不能改变长度。

坂卷哲也的建议

你考虑的是什么样的发型呢？
尤其是长发的客人，稍微改变发型就会不安。领会客人的心思，让客人消除不安，做出让客人更闪亮的发型。

步骤 1
基础剪发

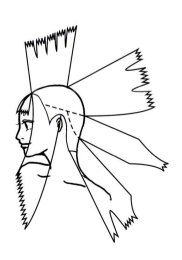

< 使用药剂 >
· 护发素：deartech　造型精华液
CW（主要成分）V6、C12、K5、P9
· 1 剂 、2 剂：欧莱雅 SYNCHRONE　胱氨酸系
放置时间 10 分钟

如展开图所示，是基本剪发完成后的状态。

● 护发素的调制

这次使用的护发素是"毛发调理精华液"，就是在基础溶液（CW）中加入 V6、C12、K5、P9 的精华液调制而成的，可根据头发的受损情况调节浓度。放入不同的精华液能实现不同的效果。

· V6：整体性的护发
· C12：带来柔软度
· K5：出现光泽，加强弹性
· P9：减少量感的同时补给水分，出现光泽感

步骤 2
护发和烫发

●顶部 1
35 毫米
平卷
从发尾卷起

●顶部 2
40 毫米
平卷
从发尾卷起

●头下方（侧面）
28 厘米长发
发杠角度 0°
从中间卷，卷 3 周
向前卷

首先，整体喷 V6。

新月分区大致取在标准位置。

攻略要点 1
前期处理的重要性

通常的烫发，1 剂、2 剂的使用方法和卷发杠的方法是重点。可是在使用这种精华液的时候，最重要的则是前期处理。

● 头下方分区

发束的中间部分开始卷发杠前，为了出现弹性，喷 K5；发尾要增加润泽感，用喷壶喷 C12。

试卷一次之后，就能清楚在哪部分用喷壶喷精华液好了。

● 新月分区

因为在新月分区要控制发量，所以发根喷降低发量的 P9。

中间部分因为要有弹性，喷 K5；发尾因为要润泽，所以喷 C12。

● 头上方分区

因为头上方分区要整体做出量感，所以从发根抹 K5，为了发尾润泽，抹 C12。这样，前期处理就结束了。

上完发杠

● 上方
30 毫米长杠
发杠角度 0°
卷中间，卷 2 周
向前卷

● 新月分区
30 毫米圆锥杠
发杠角度 0°
卷中间，卷 2 周
向前卷

● 下方
28 毫米圆锥杠
长杠角度 0°
卷中间，卷 3 周
向后、向前交互卷

● 中间处理

中间处理后，整体涂 C12。另外，因为在头顶部分要呈现量感，再涂一次 K5。试卷成功后就可以涂 2 剂了。

为了模糊界线，顶部后面使用比前面大的发杠。

攻略要点 2

圆锥发杠和圆筒发杠

圆锥发杠因为有一个急弯，所以波浪会比较明显。圆筒发杠能卷出舒缓的波浪，所以各具优势。

● 上发杠

从表面看不见的头下方分区和新月分区用圆锥发杠卷，从表面看得见的头上方分区和侧面用圆筒发杠卷。圆锥发杠直接卷就可以了。圆筒发杠要与发束成 45° 卷。

冲洗后

完成

一个月前　　　　　　　　　现在

设计 -1

糅合不同的质感，表现个性

根据改变长度的想法，利用上次烫发保留的舒缓波浪卷，营造轻盈感。独特平剪的厚重效果是个性的象征。让客人体验长度的变化和波浪→卷发的变化。

烫发前　　　　　　　　　烫发后

设计 -2

实现关于发型构想的冷烫

由于冷烫和精华液的组合，能根据心情改变发型，波浪具有舒缓、弹性的特点。

坂卷哲也的作业

在下一章之前考虑一下"一个月后的发型会成为什么样呢"，还有"不改变长度，也要再一次改变发型"的方法。提示是"头上方分区"的设计。

这次以"想法不落空"为主题，活用了烫发。每次讲的也都是坂卷哲也的答案。大家在发廊工作中要不断地实现客人的想法，不光技术力、设计力，还要磨炼沟通力和创造力。那样，才是真正的"烫发攻略"。

决定发型是我们发型师和客人的共同作业。掌握能实现客人愿望的烫发吧。

第 5 章

由烫发产生的
期待与安心

title-page illustration_Mutsumi Kubota

为了能够成为一名让客人"期待"和"安心"烫发的发型师所应该做的

"期待"和"失望"、"安心"和"不安"只隔着一层纸。

客人会因为发型师周到备致而感到信任和放心，相反也会因发型师的一丁点儿的不细心而产生不安。

学习烫发的设计和技术当然是重要的。

不过，让客人感到不安也会失去客人。

那么，为了让客人获得"信任"和"安心"，作为发型师要做到什么呢？

如果说受欢迎的发型师和不受欢迎的发型师有差距，

那么，差别之一就是能否让客人拥有期待下次再来的心情。

——这次的主题是"期待烫发和安心烫发"。

坂卷哲也（以下：**坂**） 是的。首先从期待说起。

客人来发廊的时候，一定是充满"期待"的。所谓期待当然是"能把我的发型设计成什么样"、"想改变形象"，也有客人抱着"喜欢那家店的氛围，想去体验一下"这种期待。

不过，关于这个，仔细思考一下，在客人回去的时候，是否已经让客人产生期待基本上就清楚了。因为所谓期待感，是在操作的过程中产生的。所以，我们发型师为了获得客人的期待感，一定要传递出让客人满意的信息。

——确实。

坂 如果说受欢迎的发型师和不受欢迎的发型师有不同，那么，区别之一就是能否让顾客拥有期待下次再来的心情。

并不是在镜前有120%的满意，客人就期待再来了。要首先思考着"客人平常是在什么样的环境下生活呢"、"做什么样的发型呢"之类的事，然后给客人适当的建议，而且下次再来之前的家庭护理，例如如果烫发，要告诉客人卷的垂落方法和下次改变的方法，让客人有持续的期待感。那是"受欢迎的发型师"的秘诀。

——这也是身为发型师必备的技能。

坂 不过，因人而异。对有的人要像电影的预告片一样，只把下次的方案讲出二到三成，客人就会期待"下次会什么样呢"，也有人反

不安和安心只隔一层纸

实际上对客人觉得"不安"的事好好说明，马上就能让客人变得"安心"。
彻底消除客人对烫发所抱有的不安吧。

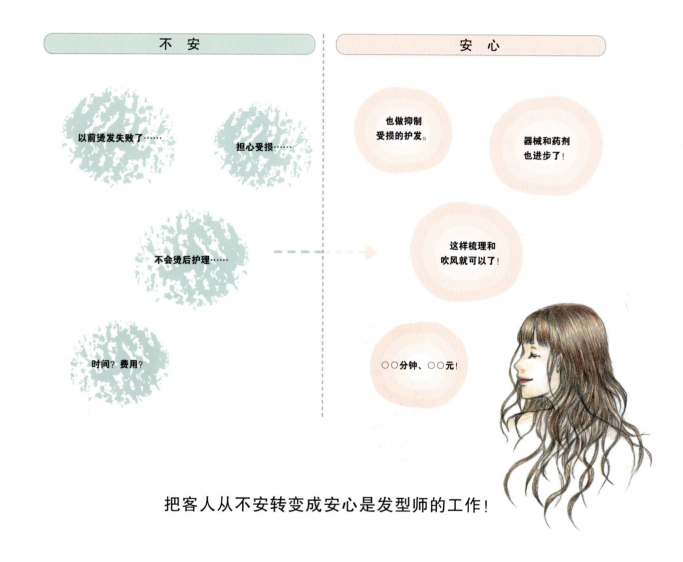

不 安	安 心
以前烫发失败了……	也做抑制受损的护发。
担心受损……	器械和药剂也进步了！
不会烫后护理……	这样梳理和吹风就可以了！
时间？费用？	○○分钟、○○元！

把客人从不安转变成安心是发型师的工作！

感不让她完全知道结果。特别是回头客，要根据对方是什么样的性格来考虑怎样让她拥有期待感。

——另一方面，请您再说说"安心"的重要性吧！

坂 这次无论对哪一个模特，都使用胶片烫，并解说技术。不过，实际上，说得绝对点儿，就是这次的重点不是胶片烫。

——为什么？

坂 无论是谁，对新的事物，都是有一半期待、一半担心。对胶片烫这种新的烫发形式也是同样的。客人也许会有"会把我变成什么样呢"、"不会失败吧"等不安感。如果这时，从发廊的发型师这里得不到任何的说明，那种不安感就会演变成不信任感。

　　正因为如此，发型师要很专业地把操作时间、效果、特征，还有后来的护理方法等讲清楚，让客人放心。同时，也可增强客人下次来店时的期待感。

　　还有一件事也很重要，就是店里的烫发项目表上的内容。全体店员必须掌握基本的知识，向谁问都能得到相同的回答。如果A店员和B店员说得不同，客人也会有不安感。认为你不专业。

为了大幅改变女性形象，什么是要注意的"关键点"？

在发廊工作中，要"改变长度"啦、"整体烫发"啦，大幅改变发型的机会是不常有的。可是，并不是说不能改变形象。就像在体育运动和游戏中，改变比赛局势的"关键分"一样，也有给女性形象带来变化的"关键点"。

也就是说，注意那个"关键点"，而能不能适当地设计就是成功与否的分水岭。

这次也请上次烫发的模特登场，确认一个月后的发型。观察发型的变化，找到改变形象的"关键点"。

上次烫发前

上次烫发后

● 上次回顾

上次因为是平直的长发，养护受损发质的同时用冷烫呈现了弹性和量感。因为使用冷烫技术，根据不同的吹风方法，会出现直发与卷发两种效果。

<要点>

· 不改变长度，出现弹性和量感。

· 养护受伤的发质，呈现光泽感。

作业完成了吗？

上次也给大家留了作业。因为还来得及，在翻下页之前，看上面的照片，思考下面的问题。

①从上次的烫后照片到现在一个月后（也就是这次），想象一下会变成什么样的发型呢？

②从那个发型你会想到什么样的设计方案呢？

● 分析一个月后的发型

キャミソール ¥8,925、ショートニット ¥30,450／以上 Equatorial stimulation
(Equatorial stimulation tel. 03.3498.0033)

➕（沉重）两侧的颈背分区、左侧的刘海儿

后面

重点

刘海儿梳向侧面，和侧面的头发重叠在一起。同时，垂在正下方的那一束刘海儿也稍长了一点。

和你预测的发型一致吗?

重心向下降了，和上次的烫发之前比较，波浪自身还是有些保留，量感也提高了。

要点是刘海儿和侧面的发束。经过一个月的时间，头发随之长长了，刘海儿梳向侧面时会和侧面的头发重叠。另外，就这样垂下去，也过长了。从头后部看，左侧和右侧也失去了平衡。

● 运用上次的波浪 考虑新的设计

上次谈的不改变长度改变发型的要点是"头上方分区的设计"。过于加入高层次的话，整体就变薄了。请考虑一下如果头上方下方分区不变，那么，怎样利用头上方分区来改变印象呢?

需要注意的是刘海儿的处理。刘海儿怎么和侧面连接，从而大大地改变女性形象呢? 这回稍微修型（剪发），刘海儿使用胶片烫，制造出自然的发流。

思考"不改变长度，怎么做才能改变女性形象呢？"之后，翻页吧。

坂卷哲也的
答案
在下页

hair design_ 坂巻哲也 [apish]
make-up_Tsukasa Komata [apish]
photo_Toshiyuki Asada
styling_Kumiko Morisoto
back art_ スキヨ [apish]

チェーン柄ワンピース ¥10,290 ／ROJITA
（ROJITA tel.03.3477.5118）、
天然石ネックレス ¥40,950 ／ジゼルパーカー
（ジゼルパーカー tel.03.5778.3350）

刘海儿和侧面的协调
呈现出新的女性形象

编：烫发的只是刘海儿，可是女性形象却完全改变了。

坂：这回使用的是胶片烫做的刘海儿。这之前是甜美的印象，可是把刘海儿做成和侧面连接的发流，就变成优雅的感觉。

当客人觉得"刘海儿遮住前方"、"太直，失去温柔的感觉"的时候，像这样"用烫发制造发流"的方法试一试，看看怎么样？

编：另外，还运用上次烫发制造的向前、向后的发流。

坂：因为烫发自身也保留着上次的东西，这次建议通过吹风塑形进行设计。对客人建议"头发的内侧向前，表面向后吹整"的方式。

坂卷哲也的建议

你思考的是什么发型？这次用的胶片烫："是作为改变女性形象的方法之一"，改变形象的探究是无止境的。训练自己能发现"要点"的眼睛，确立你自己的设计风格。

步骤 1

湿剪和干剪

攻略要点 1

模糊连接

通常各分区有"连接"和"不连接"两种，不过，还有一种是跳过"基准线"的"模糊连接"，制作出连接时的优雅和不连接的甜美的感觉。

刘海儿梳向左侧，加入刻痕剪。

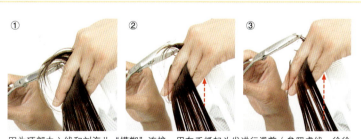

① ② ③

因为顶部中心线和刘海儿"模糊"连接，用左手抓起头发进行滑剪（参照虚线，徐徐地向上方滑动）。

步骤 1 的继续

●头下方分区

①②用滑剪的方法，以免加入太多高层次。

干剪

因为有刘海儿和侧面相重叠，使毛发产生堆积的部分，所以从内侧修剪，达到轻盈的效果。

给梳向侧面的刘海儿制成发流。

●使用药剂

·护发剂：
独家配方
角质蛋白 PPT
增强弹力
H-K·H-K 乳液
护发素
酸性护理液

·胶片烫：
独家配方
（cartina 技术）
译者注：欧洲传统技术与现代高科技相结合形成的一种技术。

步骤 2

胶片烫

●分区①

把前发分成三角发片。这个时候，如果用直线分区，烫发的部分和不烫发的部分就会区别很明显，所以用折线分区。

●护发

①中间部分和发尾部分喷上角质蛋白 PPT 护发素。
②接着只在发尾涂上角质蛋白膏。

●涂1剂

离发根2厘米，将1剂一气呵成地涂完，放置10分钟左右。

●软化测试

①②软化测试有"卷"、"拉紧"、"放"。软化到热系烫发的五至六成。
③中间水洗后，涂保湿剂。

●分区②
把刘海儿分成 3 个发束。用折线做分区线，方法和①相同。

 ①  ② ③

●发卷
①右下的发束从发尾卷 2 指宽的发卷儿向后卷 1 周。②因为左下的发束比右下的发束长，所以提取 45°，以 3 指宽的发卷儿向后卷 1 周。偏向侧边的发束角度要比施剪时缓，以免各个发束之间缝隙明显。③中间的发束也以 3 指宽的发卷儿向后卷 1 周。

 ①  ②  ③

●电热棒
①把卷起来的发束放在胶片里，②包成圆状，用加热棒封闭。③在胶片的上面用 140℃的加热棒把发束夹住 10 秒，施予热量。实际上是按照发卷①→加热棒①~③→发卷儿②的顺序操作的。

●注入 2 剂
注入 2 剂经过反应后，摘下胶片，就结束了。

攻略要点 2
在刘海儿上使用效果很好
胶片烫，使用在刘海儿上的时候发挥了优点。因为不需要盖上毛巾。也不用担心发根折断。另外，药剂贮存在胶片中，不用顾虑会流在客人脸上。

完成

如何提出让客人克服害怕心理的烫发建议？

　　大家也有过对认为"失败"的事持害怕心理，不想再靠近的体验。

　　同样，客人中也有在过去烫发中失败的体验，于是不管现在技术、器械、药剂进步的信息，只要说到"烫发"就很反感。不过，把烫发的信息和好处一起传达给顾客，让客人的不安感变成期待感，而且改变成适合那个人的造型，就能获得客人的信赖。

　　烫发的策划能力，也是获得客人期待感和信赖感的策划能力。

烫发之前

观察

分析现在的状况

因为是长发发型，所以毛发自身很细，发量也稍稍显得少些，没有量感。
看左边的照片，就知道是啪啦一下子垂落下来的。

イエローカーディガン ¥18,900／Equatorial Stimulation(Equatorial Stimulation tel. 03. 3498. 0033)

沟 通

坂:"发量不是那么多啊。发质也细,不容易体现量感啊。想不想用烫发制造量感?"

模特:(以下:模)"实际上,以前也烫过发,但是只是有卷儿,而且头发变得很干燥,没有出现量感。那以后对烫发就有点……"

坂:"(看来是在烫发上有失败的经历啊。)确实,不过,因为现在比起过去在烫发的技术和药剂方面也进步了,好好做,是不会失败的。"

模:"是吗? 才知道啊! 和过去有不同了吗?"

坂:"是的。例如叫胶片烫的新的烫发方法,烫发剂也不用长时间使用,因为边锁住水分边记忆形状,温度也不用太高,抑制受损的同时还能呈现立体的波浪。怎么样?"

用新的技术操作的时候

客人对新的技术和操作方法,总是有些不安的。所以,在沟通的时候,有什么样的优点、需要多长的操作时间、以后如何养护等都要传达给对方。而且,要注意的是,不仅是操作的发型师,全体工作人员,都要掌握关于这个技术的知识。如果从工作人员听到的有所不同,就不行了。

这次用胶片烫,实现以下主题,并与下次的建议紧密相连。

①让平坦的发质的头发呈现量感。

②提高重量,制造有夏天气息的女性形象。

③养护纤细、柔软的毛发。

如果是你,建议什么样的发型呢?

< 提示 >

和之前一样,不希望改变长度,也不想进行整体烫发来发生大的变化。另外,考虑到发质,削剪过多也是很难的。在这种情况下如何去呈现量感,制造有夏天气息的发型呢?

坂卷哲也的
答案
在下页

hair design_ 坂巻哲也 [apish]
make-up_Tsukasa Komata [apish]
photo_Toshiyuki Asada
styling_Kumiko Morisoto
back art_ スキヨ [apish]

アカレトロ花柄ワンピース ¥9,345 ／ ROJITA
(ROJITA tel. 03. 3477. 5118)

制造量感、
利用烫发诠释新的魅力

编：利用波浪，量感就很明显了。

坂：不过，客人还是对烫发有不安感，所以不能通过烫发实现这一结果。就是说，设计也包含把通过什么方法达到什么样的变化告知给客人。

这次，使用胶片烫，不管是冷烫还是加热棒烫发，器械和药剂都在不断地变化。在某种意义上，发型师不光要懂设计和技术，知道新的系统也是必要的。

编：下面是最后一章。

坂：和以往一样，留"一个月后发型的变化"、"之后的设计"为作业。另外，第 6 章，各位代表登场，根据以前的内容展示各自的设计。称之为"坂卷烫发教室"。请大家也在书上和我们一起学习吧。

坂卷哲也的建议

你思考的是什么发型呢？
在长发的客人中，也有患"烫发恐惧症"的。好好地说明会消除客人的不安感，体验改变发型的快乐。

步骤 1

护 理

新月分区取得比标准位置稍向上，范围大些。

基础剪发如展开图的状态就可以开始了。

①从中间到发尾部分喷角质蛋白 PPT。
②发尾部分涂角质蛋白膏。

上胶片

步骤 2
胶片烫

攻略要点 1

不需要发卷儿的地方不上药

和电热棒烫发一样，不上药剂的部分就不会产生发卷儿。要确认"在哪里产生发卷儿"，就在哪个部分涂上药剂。

攻略要点 2

晕开药剂的分界线

上药的部分和没上药的部分如果有明显的界线，质感就会有变化。因此，一定要用梳子或者手指将药剂轻轻地晕开。

①

②

2 发卷儿

1 发卷儿

首先确认涂 1 剂的中间、发尾部分的长度。例如，因为在头下方分区卷 2 周两个手指宽的发卷儿，所以先检查发卷儿的情况，然后在那个部分涂 1 剂。

按颈背分区、新月分区、头上方分区的顺序往中间部分涂 1 剂，放置 5 分钟左右。

● 使用药剂
・护发剂
独家配方：
角质蛋白 PPT（增强弹力）
H-K・H-K 乳液
护发素
酸性护理液
・胶片烫
独创系统 "cartina 技术"

错！

对！

在错误的例子中，界线很清晰，故应用梳子轻轻梳一下，晕开，模糊界线。

接着，在发尾涂 1 剂，盖上保鲜膜，放置 5 分钟。软化测试（缓慢软化就可以）结束后，进行中间水洗。

厚度均等地在发尾取发束。

攻略要点 3

胶片烫的技巧

在 P084 中，会把细致的技巧作为着重点。前半部分、后半部分过程基本相同。请一起确认一下。

冲洗后

●头上方分区
向后、向前交互卷，以 3 指宽的发卷儿从发尾儿卷 3 周

●头下方分区
按 2 指宽的发卷儿从发尾向后、向前交互卷 2 周

①

②

把冷烫纸平着包在发束上，沿着发束向下滑，这样可使发束不松散。

●发束的卷法

①

把发束卷成一个圆形，用冷烫纸包起来。

②

以第 2 个手指为中心，首先转 1 周（2 指宽的发卷的场合）。

③

卷第 2 周的时候，换手，再卷 1 周。

④

再换手，把发卷儿放在胶片中。

⑤

用 140℃ 的加热棒夹住发束 10 秒，然后注入 2 剂，完成。

完成

083

设计 -1

由头上方分区的设计改变女性形象

为了达到"不改变长度，改变形象"的大部分女性的愿望，设计头上方分区和刘海儿，从甜美风格变身为优雅风格。

一个月前

现在

设计 -2

解决对烫发的不安感
改变发型

运用胶片烫产生不规则的波浪，消除了对烫发的不安感，提高了量感，制造出了有夏天气息的形象。

烫发前

烫发后

坂卷哲也的作业

除了要考虑一个月后的发型是什么样子，还要考虑"不改变长度，再一次改变发型的方法"。第 6 章将和大家一起解答这个问题。

这次，继续以烫发的"期待和安心"为主题进行谈话。

其实不仅是烫发，即使发型师这方面认为非常好的东西，突然把这个东西推荐给顾客，客人也不一定能接受。

这里反复强调的是，要向客人详细说明内容，而且工作人员也要了解这个内容，并且被询问时也能回答出和发型师相同的答案。这才称得上是专业发型师。

第 6 章，"坂卷烫发教室"开讲了。敬请期待！

第 6 章

掌握"受欢迎的烫发"的技能

title-page illustration_Mutsumi Kubota

把在前几章中学到的内容
落实到发廊的工作中

在前几章中，向大家传达了观察客人头发的状态、心态的"分析力"，增强预测一个月后的发型并制作发型的"想象力"，而且把下次、再下次改变发型纳入视野，决定今天的建议的"设计力"的重要性。

在本章，作为总结，读者代表们登场了，展示自己改变发型的设计。

大家也边复习之前学到的东西边一起参加操作吧。

上次烫发前

上次烫发后

● 回顾上次

长发发型，因为头发细而柔软，量感不明显。用胶片烫从中间到头上方分区制造量感，提高重心，完成有夏天气息的发型。

<要点>

· 养护头发的同时从中间到头下方用胶片烫，呈现量感。

· 外型整体提高，有夏天气息。

作业完成了吗？

上次也给大家留了作业。因为还有时间，在翻下页之前，看上面的照片，请思考下面的问题。

1 从之前到一个月后（也就是这次），想象会成为什么样的发型呢？

2 考虑一下由这个发型会完成怎样的设计呢？

●分析一个月后的发型

カーディガン ¥15,750 ／ジゼルパーカー (ジゼルパーカー tel. 03. 5778. 3350)

左側

后面

和你预测的发型一样吗？

波浪稍稍有点平缓了，和前次改造之前比较，还保留着量感。胶片烫即使看起来平缓了，因为牢牢地记忆着形状，所以也许能好好利用一下。另一方面，头顶部稍稍平坦了。

● 运用上次的发卷儿考虑新的设计

不改变长度，改变形象是和上次一样的。

可是，因为这次的模特头发细而柔软，请多考虑几个能出现量感，又和上次不同的发型的建议。

另外，因为胶片烫的波浪还保留着，建议把它利用上。

观察

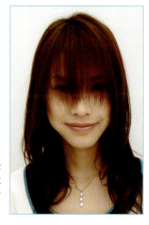

刘海儿长长了，是半长不短的长度。怎样做这个刘海儿，女性形象才会有大的改变呢？

从下页开始，读者代表们来挑战设计！

Briefing

来自坂卷哲也的说明

如何给你重要的客人改造发型呢？

在第 5 章后半部分出现的模特，一个月后会成为什么样的发型呢？下次怎么改变发型好呢？现在要把作品呈现出来。

不过，包括我在内的 4 个人不可能同时给同一个模特剪发，所以给大家准备了相同条件的假发。

请看一下这个假发，染发是不可以的。可以通过剪发和烫发来改变发型。

关于烫发，使用冷烫、热烫、"空气烫"，哪个都可以。只是不能做和前次一样的发型，尽情地改变吧。另外，都是使用相同的灯光、背景、饰品进行拍摄，请想好适合模特的发型，做得更可爱些。

这里没有"正确"答案。我的过程和作品稍后会呈现给大家，但那只是"我的想法"，决不能说就是正确的答案。另外，对读这本书的人来说，大家的作品也只是答案之一。

请大家拿出自己重要的客人来时，"如果是我，要这样做"的最好的表现吧。

● 发质的特征

· 细而柔软的发质，难以呈现量感

· 难以呈现飞扬感

· 发尾有些受损
（但是，长度不想有大的改变）

● 假发的条件

①和上次的过程（胶片烫）同样操作后，洗发、吹风反复进行了 60 次，再现一个月后来店的状态。

②通过剪发和烫发，做和上次不同的发型。

③染发不可以。

正面

侧面

后面

前发垂落的位置

● 一起看看读者代表的制作过程

池上千鹤

forute（东京都涉谷区）

巴黎美发专业学校毕业。
是有 3 年美发经历的发型师。

〈设计方针〉

● 剪发
在头后部取新月分区，根据不连接修剪会有收缩的感觉。

● 烫发
因为头发细，希望整体有蓬松感，在顶部使用冷烫，呈现量感。
另外，没有料到波浪会松弛，而又想在发尾呈现波浪。所以，在头下方分区不能出现过多的量感。

● 湿剪
新月分区采用不连接修剪，烫发的时候会有收缩感。

● 干剪
顶部因为不连接修剪而变短，能用手简单地整理。另外，在顶部加入雕剪，呈现重量感和束感。

川 岛 治

Salon・de・DOUX（栃木县高根尺町）

栃木县美发专业学校毕业。
是有 4 年美发经历的发型师。

〈设计方针〉

● 剪发
不改变长度，稍微加入高层次，从新月分区提高层次，来体现量感，使头下方分区出现整齐的感觉。

● 烫发
因为不想伤头发，如果上次的波浪还没有松弛，头下方分区就不烫发，只在头顶部做最小限度的冷烫。

● 湿剪
为了改变脸部周围的印象，让侧面轻轻地和刘海儿连接，头发盖住脸部周围。

● 干剪
头上方分区不使用打薄剪发，只用雕剪来调节发量。

关口贵典

salon・de・jun（群马县高崎市）

高崎美人时尚专业学校函授课程毕业。有 2 年的发型师经历。

〈设计方针〉

● 剪发
因为不怎么想改变长度，所以发尾只剪掉 1 厘米。另外，为了改善不出现量感的地方，会在二分区把顶部向前斜下修剪，稍微呈现量感。

● 烫发
只在顶部烫一些波浪出来，呈现很可爱的感觉。

● 湿剪 1
分两个区，头下方分区不连接修剪，呈现内敛感。

● 湿剪 2
比垂直角度向后提取 1 个发片，不连接加入高层次。

（人物简介是从 2007 年末到现在）

接下页

●烫发 1
头下方分区，放掉发尾，从中间向前卷 2 周半。

●烫发 2
头上方分区也从中间向前卷。

●上发杠
正面

●烫发 1
顶部怎样出现量感呢，我想到了最重要的一点，使用大发杠，提高角度从发尾卷起。另外，脸部周围留 1 束，单独卷，来改变女性形象。

●烫发 2
头下方分区最初不打算烫发。可是没料到波浪松弛，变成了舒缓的发卷儿。

●上发杠
正面

●烫发
头顶部想出现量感，首先在顶部涂 1 剂，留出发尾来卷发杠。侧面的脸部周围因为想要制作成流向外侧后面的波浪，所以要把卷发尾和卷中间交互进行，发片也不是成一条直线，而是曲曲折折的，做成不规则形。头下方利用保留的波浪来操作。

●干剪
从中间部分，到发尾前加入雕剪。另外，头盖骨上 1 厘米周围要做出空隙，所以要向深里剪。

●上发杠
正面

左侧　　　　　后面

●打理
在发尾抹上摩丝来强调发卷，还有在顶部抹上发蜡来制造飞扬感。

左侧　　　　　后面

●打理
吹风前，把发油涂抹在手上，然后从中间至发尾仔细揉搓，使其渗入发丝。稍后做微调整。

完成！

左侧　　　　　后面

●打理
吹风前，在头顶上抹发蜡，制造飞扬的效果，头下方用电热棒（140℃左右）从中间部分开始上发卷。这个时候，注意发尾不要卷进去。

大家的作品和讲评在下页介绍！

091

设计 –1 | 坂卷哲也的建议
能让客人下次来店的
设计师的构想

　　吹整结束了，只等着稍后坂卷先生的检查。
会给出什么样的评价呢？

● 一起来看看完成了的作品

1. 池上的作品

正面　　　　　　　左侧

3. 关口的作品

正面　　　　　　　左侧

2. 川岛的作品

正面　　　　　　　左侧

4. 修改后关口的作品

正面　　　　　　　左侧

1. 池上的作品

池上判断卷度消失了，所以在头下方分区烫了发。

实际上，怎样判断卷度是否消失是这次设计的一个要点。如最初说的，那个假发都是经过 60 次冲洗和吹风的。于是，从外观确实感到卷度好像消失了。但是胶片烫会记忆形状，所以实际上还是有卷度的。只要稍微用手一卷，再吹下风，卷度就"复活"了。看清楚这一点就能够完成不同的设计。

从这种意义上说，池上的作品是不错的，只是烫发是多余的。刘海儿的处理有些不完整，好像没处理完。

2. 川岛的作品

造型上是下了很多工夫的，完成得不错。不过，把假发放在镜头前的瞬间最好的作品是川岛的，也许是在镜头前反复整理了吧。

另外，川岛开始的时候说"不想在头下方分区烫发"。不过，没想到的是发卷儿消失了。和池上同样，又烫了一次发。不仅要仔细看清楚头发，还要有分析这个头发的状态的能力。

一会儿给大家看一下按照川岛最初的想法做的造型。和我的做法基本相同。并不是说我的做法 100% 正确，因为答案是因人而异的，只是想法与我接近。

3. 关口的作品

这是层次不连接的剪法，而且烫发也烫得很好。

各个方面都不错。不过，烫发怎么说呢，我想是为了连接进行的烫发。因此，一吹整，刘海儿就不好整理了。刘海儿的发流和侧面的发流是有冲突的，所以又拨回去了。

说到这次的烫发，用剪发连接也能整理得很漂亮。

另外，3 人当中，不给头下方分区烫发，使用保留的发卷儿的只有关口。正如在书中反复讲的，在合理的策划下为客人改变发型是发型师必须具备的能力。受欢迎的发型师和不受欢迎的发型师的区别也在这里。所以，关口的思维最接近受欢迎的发型师。

4. 稍微修改一下

最后，借关口的作品加入几点建议，要点大致有三。

● 连接分区
用剪发基本上能连接分区。

● 刘海儿加入锯齿剪技法
在刘海儿的内侧加入细细的锯齿剪技法，刘海儿看起来就蓬松了。

● 表面加入轻微的动感
头上方分区只要稍微地加入雕剪，动感就产生了。
怎么样啊？

我好几次传达的是想象一下一个月后的发型。实际上，我在美发的时候经常考虑这件事，这样做之后，客人下次还愿意来店里。

大家也应该经常意识到这一点，做个受欢迎的发型师。

谢谢！

坂卷哲也的答案在下页

"受欢迎的发型师"的烫发设计

编：那么，我想看一下"坂卷哲也的答案"。

坂：基本上设计发型的变化，都在我最想传达的要点中，就是①刘海儿的处理和据此改变形象；②整体提高量感；③很好地利用上次的波浪。最后，因为是长发发型，不能过于加入高层次，不能弄得塌塌的，注意这些去设计就没有问题了。

编：技术也是大事，分析相关的要点，再考虑下次的发型设计。

坂：反复强调重要的是：分析力、想象力、设计力。要领会客人的意图，做出合适的设计，做个"受欢迎的发型师"。

坂卷哲也的建议

你想到了什么发型呢？
发质因人而异。建议适合客人的设计，边考虑下次来店的情况边改变造型，提升"受欢迎"的发型师的阶段也就完成了。

步骤 1
剪

2. 顶部中心线现在没有和刘海儿连接。

1. 取纵深长、范围窄的刘海儿，就给人成熟的印象。形成三角形基础，用刻痕剪技法轻轻地修剪发尾。

3. 可是，因为完全不连接，头发看起来变薄，所以发束偏向刘海儿一侧，成为"模糊连接"。

4. 顶部中心线旁边的发束也向顶部中心线靠拢。

5. 为了在①②表面出现"蓬松感"，边在表面制造空隙边斜着加入薄的高层次。

③这时候，表面会出现稍微短些的毛发，让其竖起来。如果不薄的话，就会产生蓬松感。

攻略要点 1

短毛发的使用方法

头发细的人，会因为长的毛发和短的毛发并存而出现立体感。可是，有些人的毛发较硬，容易折断，所以要注意。

※ 为了让大家容易明白，这次登出了药剂的照片，实际上是把原液稀释后涂上的。

步骤 2

准备工作

1. 为了毛发呈现弹力，在整个烫发的部分涂上"造型精油"K5。

4. 与头皮成 90° 立起来。因为不用在发尾新烫波浪，所以涂弹力剂，从发尾向前平卷。

2. 在离烫了的发束的发根 1 ~ 5 厘米的地方，用刷子涂上胱氨酸系的 1 剂。

5. 与头皮成 45° 提取发束，第二个发杠从发尾向前平卷。

3. 发质细而柔软，容易出现缝隙，用大的 Z 字形发片来改善。

6. 两侧发尾也是平卷。在这里放置 5 分钟，在发根涂 1 剂，包括向上卷的时间，保持 10 分钟左右。

冲洗后

步骤 3
空气烫

上发杠

7. ①首先涂抹角质蛋白护发素，让毛发出现弹力感。②在发尾涂上 CMC 护发素，让发尾重现润泽感。

攻略重点 2

毛发的养护

烫发时有一部分的毛发是不需要进行烫发处理的，但这些毛发如果就这样放置不管也是不可以的，这时候可以进行养护处理。

8. 放置结束后，涂上胱氨酸系的 1 剂。

9. 然后用空气烫缓慢变形和玻璃罩软化（参照第 1 章到第 2 章），完成后就 OK 了。

攻略重点 3

发根的上扬

不让发尾有太强的发卷儿，从发根做出上扬感，是"空气烫"所能达到的效果。

hair design_ 坂巻哲也 [apish]
make-up_Tsukasa Komata [apish]
photo_Toshiyuki Asada
styling_Kumiko Morisoto
back art_ スキヨ [apish]

クロカットソー ¥22,050 ／ジゼルパーカー
（ジゼルパーカー tel. 03. 5778. 3350）、
イエロー3連ネックレス ¥12,600、紺白ネックレス ¥2,100／
以上ベルカプリ（ベルカプリ tel. 03. 3407. 2571）

INTERVIEW|坂卷哲也专访

做一名能让女孩子变可爱的"受欢迎的发型师"！

发型的设计力

——那么，综合讲一下吧。首先，反复强调的是对客人发型的"设计力"。

坂　在美发工作中一定要考虑"下一次"。不考虑这个，即使做了一次可爱的发型，以后也会没有客人的。
　　　所以，要想着"这个客人下次做什么样的发型呢？为此，怎么操作好呢？"以此为基础进行建议，这在美发工作中非常重要。在书中，介绍了对于认为"可以改变长度"的模特，也不能马上按照她的愿望去剪发，而是建议"不尝试一次烫发吗"这样的事例。掌握了这样的设计力，就能给客人新鲜的感觉，美发工作也会变得更加快乐。

——为了掌握这种设计力，请总结一下必要的事项吧。

坂　首先最重要的是要抓住客人的心。例如，不想改变长度却固执地向客人建议"短发很适合"，那么，客人就不会来了。还有，在银行等正规的职场工作的人和在美发专业学校的学生都同样说"希望烫发。"但容许范围是绝对不同的。一定要想象相应的心态和背景。
　　　另外，要加入时尚和季节感的元素。明明是夏天了，还要做个沉闷的发型，谁都会烦的。

"恢复"和"制作"

——做受欢迎的发型师的关键点在哪里呢?

坂 同等的技术力,设计的感觉也基本上没什么不同,可是却有"受欢迎的发型师"和"不受欢迎的发型师"之分。我感觉那还是设计力的问题。

——具体会表现出哪些差异呢?

坂 "受欢迎的发型师"和"不受欢迎的发型师"实际上都能在某日某时在镜前给客人提供 100 分的美丽。

不过,客人的头发每天都在长,染色也在消褪,烫发渐渐松弛。发型的美,假设降低两成,经过一个月,就变成 100 分 ×80% 也就是 80 分,如果经过两个月,就变为 80 分 ×80%,即 64 分了。

关于这个减掉的分,"不受欢迎的发型师"就会想再"做回"100 分,于是又做波浪多的烫发,又做修复染发,进行 100 分的操作。

相反,"受欢迎的发型师"因为减了 20 分,就用不连接修剪,做 20 分的操作,如果减了 36 分,就做最小限度的烫发,像这样"恢复"100 分。

的确,哪个在镜前都是 100 分。不过,"恢复"的是普通的 100 分,"重做"这一方是 80+100 = 180 的操作。而且,这样乱弄的话,头发的损伤同时也会增加。

设计新的惊喜
把客人不断地变可爱！——坂卷哲也

——毛发受损累积，就不会做出理想的发型。顾忌到受损，能建议的发型也被限定了。由此巩固依赖关系也是很难的。

坂 是。正如这本书中一直说的，怎样用合理的设计改变客人的发型，是美发工作中大的课题。能否做好，就是"受欢迎的发型师"和"不受欢迎的发型师"的差别。

——那么，最后请送给我们读者一句话吧。

坂 作为专业的发型师，请设计出新的惊喜，让我们的客人不断地变可爱！

——谢谢。

到这里讲座就结束了。
大家辛苦了！

一歩前へ

apish ☆

signature ☆

图书在版编目（CIP）数据

烫发攻略／（日）坂卷哲也著；纪凤英译. —沈阳：辽宁科学技术出版

社，2011.10

（专业美发教室）

ISBN 978-7-5381-7042-9

Ⅰ.①烫⋯ Ⅱ.①坂⋯ ②纪⋯ Ⅲ.①理发—基本知识 Ⅳ.①TS974.2

中国版本图书馆CIP数据核字（2011）第122613号

出版发行：辽宁科学技术出版社

　　　　　（地址：沈阳市和平区十一纬路29号　邮编：110003）

印　刷　者：辽宁彩色图文印刷有限公司

经　销　者：各地新华书店

幅面尺寸：210mm×285mm

印　　张：6.5

字　　数：50 千字

印　　数：1~4000

出版时间：2011年 10 月第1版

印刷时间：2011年 10 月第1次印刷

责任编辑：李丽梅

封面设计：熙云谷品牌设计

版式设计：袁　姝

责任校对：刘　庶

书　　号：ISBN 978-7-5381-7042-9

定　　价：39.00 元

投稿热线：024-23284063
邮购热线：024-23284502
QQ：542209824（添加时，请注明"美发"等字样）
http：//www.lnkj.com.cn
本书网址：www.lnkj.cn/uri.sh/7042

我购买了《专业美发教室——烫发攻略》

1. 个人资料

姓名 _____ 出生 _____ 年 _____ 月 受教育程度 _____

毕业学校 _____ 单位 _____

工作岗位 □店长 □技术总监 □发型师 □发型助理 □其他 _____

通讯地址 _____ 邮编 _____

联系电话 _____ QQ _____ MSN _____

2. 您从何处得知本书的出版? □书店 □报纸杂志《_____》

□书讯 □亲朋好友 □网络 □美发产品市场 □其他

3. 您大约什么时候购买的本书? _____ 年 _____ 月 _____ 日

4. 您从何处购买的本书? _____ 市 _____ 书店

□展会 □邮购 □网上订购 □美发产品市场 □其他 _____

5. 您购买本书的原因?（可复选）

□对主题有兴趣 □工作上的需要 □出版社 □作者 □价格合理（如不合理，您觉得

合理的价格应是 _____ 元）□其他 _____

6. 您最常在什么地方买书? _____

7. 您经常购买哪类图书? _____

8. 您所喜欢的美发技术及管理方面的图书或杂志有哪些?

① _____ ② _____

③ _____ ④ _____

9. 您购买美发图书时考虑的因素有哪些?

□作者 □主题 □摄影 □出版社 □价格 □实用 □其他 _____

10. 您对书籍的写作是否有兴趣? □没有 □有（我们会尽快与您联络）

11. 您认为本书有哪些尚需改进之处?

_____

_____

_____

12. 您有合适的作者可以推荐吗（请写出他／她的详细联系方式）?

_____

_____

_____

注：此表可复印使用，或通过 QQ、E-mail 等方式把相关信息传至 542209824@qq.com 即可

　　亲爱的读者朋友，您对《专业美发教室——烫发攻略》及我社出版的其他美发类图书有何意见与建议，欢迎来电来函与我们沟通。对于您的支持与关心，我们将不胜感激。凡是提供反馈意见者（注：上表可复印使用），均可成为我们的会员，在参加我们举办的各种培训活动时，可享受 8 折优惠；从我社邮购其他美发类图书（如封底所列）时，可免邮资。同时，我们也热切地希望您能踊跃投稿或是为我们推荐优秀的作者！

联系方式

地　　址：沈阳市和平区十一纬路 29 号　　　　　　　　　　　邮　编：110003

投　　稿：024-23284063　　QQ：542209824（添加时，请注明"美发"等字样）　　联系人：李丽梅

邮　　购：024-23284502、23284375、23284559、23284357　　　联系人：何桂芬

我想对编辑说……